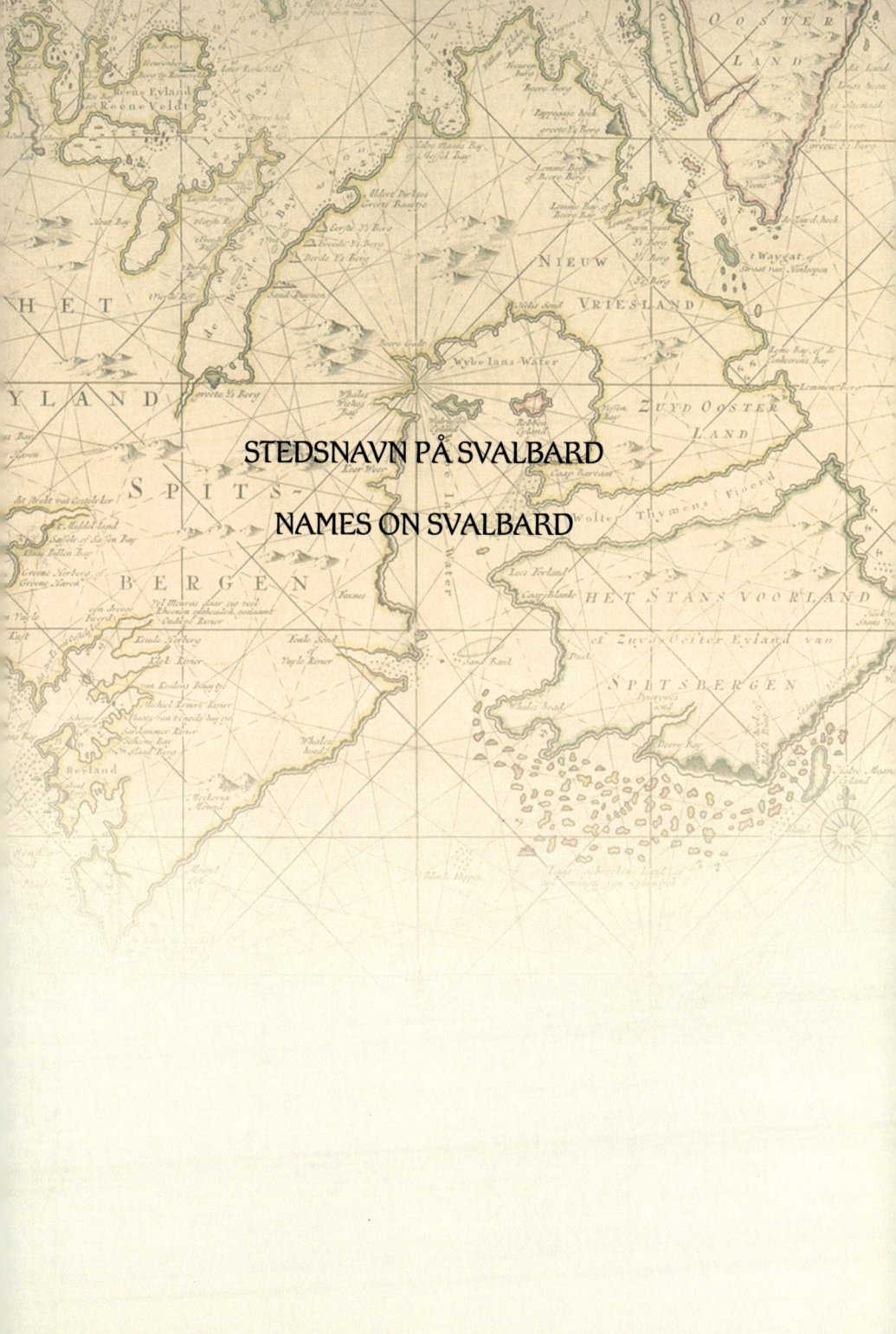

STEDSNAVN PÅ SVALBARD

NAMES ON SVALBARD

Eli Johanne Ellingsve

STEDSNAVN PÅ SVALBARD
NAMES ON SVALBARD

tapir akademisk forlag

© Tapir Akademisk Forlag, Trondheim 2005
ISBN 82-519-2011-6

Det må ikke kopieres fra denne boka ut over det som er
tillatt etter bestemmelser i «Lov om opphavsrett til åndsverk»,
og avtaler om kopiering inngått med Kopinor.

Grafisk formgivning og tilrettelegelse: Tapir Akademisk Forlag
Trykk og innbinding: PDC Tangen AS

Omslag Kart: Van Keulens Svalbardkart, ca. 1730
              © Nasjonalbiblioteket, Kartsamlingen
       Foto: © Gerd-Elin Aune

Kart: Trond Haugskott

Tapir Akademisk Forlag
7005 TRONDHEIM
Tlf.:   73 59 32 10
Faks: 73 59 32 04
E-post: forlag@tapir.no
www.tapirforlag.no

Innhold
Contents

Forord 7
Preface 7

Innledning 9
Introduction 19

Artikkelstruktur 29
Structure of the articles 29

Liste over geografiske termer 31
List of geographical terms 31

Navnene 33
The names 33

Litteraturliste 185
Literature 185

Forord

Denne boka skal være ei håndbok for den som er interessert i stedsnavnene på Svalbard. Boka er skrevet for den alminnelige leser, som ikke har spesielle kunnskaper om Svalbards særegne historie eller navn.

Boka inneholder artikler om 470 navn på Svalbard – navnene på kartbladet Svalbard i målestokk 1:2 000 000. Navnene presenteres i alfabetisk rekkefølge. Artiklene ledsages av en oversikt over Svalbards navnehistorie, samt en liste over relevant litteratur som kan fortelle mer om dette emnet. Fra denne listen vil jeg gjerne trekke frem boka «The Place Names of Svalbard» (Norsk Polarinstitutt 2003), som er det selvskrevne referanseverket i forbindelse med navneforklaringene.

Preface

This book is a handbook for those who are interested in the place names on Svalbard. The book is written for the ordinary reader, who is not well acquainted with the history of Svalbard and the place names in the archipelago.

The book contains articles about 470 names on Svalbard – all names on the map Svalbard, scale 1:2 000 000. The names are arranged in alphabetical order. The articles are preceded by a survey of the history of the place names of Svalbard, together with a list of relevant literature that may shed more light on the topic. From this list I will especially mention the book «The Place-names of Svalbard» (Norwegian Polar Institute 2003), which is the definitive work of reference in connection with the explanations of the names.

Innledning

Svalbard er i dag et fellesnavn for en øygruppe som består av en rekke større og mindre øyer, i havområdet mellom Norge og Nordpolen. De større øyene er Spitsbergen (37 814 km^2), Nordaustlandet (14 467 km^2), Edgeøya (5073 km^2), Barentsøya (1288 km^2), Kvitøya (682 km^2), Prins Karls Forland (615 km^2), Kong Karls Land (to større og noen små øyer; 331 km^2), Bjørnøya (178 km^2) og Hopen (46 km^2). I tillegg kommer mindre øyer, holmer og skjær. Det totale arealet er 61 020 km^2.

Skriftlige kilder (blant annet det norske verket Kongespeilet, ca. 1250) viser at det eksisterte en forestilling blant nordmenn og islendinger allerede i vikingtid om fast, sammenhengende land nordafor Norskehavet. Dette landet knyttet sammen Grønland med det nordlige Russland (Bjarmeland), og dannet ei nordlig bukt i havet nordafor Norge, Havsbotnen. Den norske vikingen Ottar hadde seilt østover til Bjarmeland, ved Kvitsjøen, allerede rundt år 890, og hans beretning for den engelske kongen Alfred den store, sammen med mytiske forestillinger om dette ukjente området, bidro til å danne et visst bilde, som er belagt i fornaldersagaer. Det fremgår av kildene at klimat var kaldt, med drivis og pakkis i havet og isbreer på land.

Svalbard som offisielt navn på den nevnte øygruppen er av forholdsvis ny dato (1925). Navnet Svalbard er imidlertid gammelt. Kildenes klimabeskrivelse understøtter og understøttes av en referanse til et nyoppdaget område i islandske annaler for året 1194, i de korte formuleringene «Svalbarz fundr» og «Svalbarðzfvnndr»(«Svalbards funn») og «Svalbarði fvndinn» («Svalbard funnet»). Navnet Svalbard, i denne eldste kilden vi har, tolkes gjerne som 'kald kant, brem' – en passende betegnelse på et kjølig landskap. I innledningskapitlet til den islandske Landnåmabok (skrevet omkring år 1200–1250) beskrives avstanden fra Island til dette Svalbard slik: «frå Langanes på Nord-Island er det eit fire døgns havstykke til Svalbard nord i Havsbotn» (Hagland 2002:36). Avstanden mellom Langanes og Sørkapp på Spitsbergen er om lag 840 nautiske mil. 4 døgns seilas forutsetter en gjennomsnittlig fart på knapt 9 nautiske mil per time. Farten er ikke urimelig høy, men den krever en god og stødig vind. Men selv om Landnåmaboks tidsbeskrivelse skulle passe noenlunde med Svalbards beliggenhet i forhold til Island, er den likevel så vag at den bare til en viss grad kan styrke teorien om at annalenes Svalbard er dagens Svalbard. Den utelukker heller ikke andre teorier. En skal heller ikke legge for mye i Landnåmaboks beskrivelse, gitt den korte tiden mellom den påståtte oppdagelsen og Landnåmaboks nedskriving. Det har følgelig rådet usikkerhet med hensyn til hvilket område navnet Svalbard i annalene og Landnåmabok kan vise til. Så vel østkysten av Grønland som Jan Mayen har vært nevnt i tillegg til Spitsbergen, og også kanten av drivisen.

Etter arkeologiske undersøkelser på Svalbard i slutten av 1950-årene mente man å ha funnet spor etter skandinavisk bosetning fra perioden 1300–1500 (Simonsen 1982). Det ble også gjort funn som ble knyttet til en steinalderbefolkning, mulig innvandret fra Kvitsjøområdet for om lag 5000 år siden (Christiansson og Simonsen 1970). Endelig har russiske forskere hevdet at det foregikk russisk fangst på Svalbard – ved pomorer fra Kvitsjøområdet – allerede før Barentsz kom til øyene. En ny analyse av funnmateriale gir imidlertid ikke støtte for slike påstander (Hultgreen 2003). Det er så langt ikke gjort arkeologiske funn på Svalbard som kan underbygge teorien om bosetning eller virksomhet her før ca. 1600, uten at dette kan føres som bevis mot at dagens Svalbard er annalenes område.

Øygruppen settes bokstavelig talt på kartet i 1598, etter nederlenderen Willem Barentsz' besøk på Bjørnøya og Vest-Spitsbergen i 1596. Barentsz' mål med ekspedisjonen, som los/navigatør om bord på et handelsfartøy, var å finne Nordøstpassasjen, og dermed en kortere sjøveg fra Europa til Kina og India. Av en beretning fra reisen fremgår det at Bjørnøya ('t Beeren Eyland) ble funnet 10. juni 1596. Øya fikk navn etter en kamp mellom skipsmannskapet og en isbjørn i sjøen. I loggboka for 17. juni, etter noen dagers seiling mot nord, anfører Barentsz at man har oppdaget nytt fast land. Noen dager seinere noterer han følgende: «landet . . . er for det meste oppstykket, nokså høyt, ikke annet enn fjell og spisse berg, derfor kalte vi det Spitsbergen» (Arlov 2003:44). På Barentsz' eget kart, utgitt i 1598 etter hans død, kalles området ganske enkelt Nieuland (Het nieuwe land), 'det nye landet'. Spitsbergen ble likevel øygruppens offisielle navn i vel 300 år. Andre stedsnavn som ble gitt av den første nederlandske ekspedisjonen, er Ghebroken lant, Amsterdammer eiland, Deense eilant, Vogelsang, Vogelhoeck, Keerwyck, Grooten Inwyck, Inwyck og Tandenbaai.

Nederlenderne som vendte hjem etter denne ekspedisjonen, beskrev landskapet og fortalte om mengder av fugl, sel, hval, hvalross og isbjørn. I prinsippet var teknikk og teknologi for å drive fangst i større målestokk kjent i Europa på dette tidspunktet. Europeerne kjente til produkter av hvalross. Flere nasjoner (England, Spania, Nederland, Frankrike, Tyskland, Danmark) utrustet ekspedisjoner fra begynnelsen av 1600-tallet og gjorde etter hvert gode fangster rundt øyene. Engelskmennene etablerte samtidig egne navn på området, nemlig King James' his New-land og Greenland, det siste som et utslag av en ennå utbredt tro på at Svalbard faktisk var en del av Grønland. Det gamle russiske navnet på Svalbard, Grumant, forklares også som en utvikling av Grønland.

Hvalfangernes bidrag til navngiving på og kartlegging av Svalbardøyene er betydelig. Rundt 1700 hadde man en grov oversikt over kystområdene, også de østlige øyene som kunne være vanskelig tilgjengelig på grunn av isforhold og tåke. Hvalfangerne var primært interessert i å kartlegge og navngi fangstplasser, havner og passende steder for landstasjoner. Et navn med direkte referanse til hvalfangstperioden er Smeerenburg ('Fettbyen'), knyttet til nederlendernes viktigste landstasjon 1630–1650, på Amsterdamøya. De første menneskene setter også spor etter seg i denne tiden, i navn som Ryke-Yseøyene og Edgeøya, Biscayarhuken, Danskøya og Engelskbukta. Andre navn fra 1600-tallet beskriver landskapet: Bangenhuk, Fuglesongen, Hopen, Kvadehuken, Verlegenhuken og Wijdefjorden. Et trekk ved naturnavnene som er bevart fra denne tid, er forholdsvis lite variasjon i ordforrådet, og få navn som viser til individuelle topografiske særpreg eller andre særtrekk ved naturen. Dette kan ha flere årsaker, blant annet manglende fast bosetning og en artsfattig flora og fauna. De eldste kartene viser stort sett øyenes kystlinjer og navn langs disse. Innlandet forble lenge et uinteressant, og derfor også ukjent og navnløst, område. Nederlandske og engelske kartografer produserte gode kart over øyene, forholdene tatt i betraktning. Det ble også laget kart i andre land, men som regel var de kopier av tidligere kart. Navnene ble likevel ofte oversatt eller tilpasset til språket i det aktuelle landet, noe som etter hvert førte til at det oppstod nasjonale varianter av alle viktige navn. Mot slutten av hvalfangstperioden oppviste navn på forskjellige språk et forvirrende materiale. En skal være klar over at forholdene for å gi, bruke, overføre, registrere og bevare navn på Svalbard har vært meget spesielle, fra 1600-tallet og fram til 1950, sammenlignet med forhold i bosatte områder.

Landstasjonene for hvalfangst ble gradvis avviklet etter 1650, som en følge av utryddelsen av grønlandshval. De store fangstnasjonene engasjerte seg i pelagisk hvalfangst ute i havet, og Svalbard ble mindre viktig som en følge av dette. Dette skapte imidlertid rom for annen virksomhet og andre aktører på øyene. Russiske forskere har hevdet at det foregikk russisk fangst på Svalbard – ved pomorer fra Kvitsjø-området – fra 1100- og 1200-tallet, og at en systematisk fangst var etablert allerede før Willem Barentsz kom til øyene i 1596. Vesteuropeiske forskere har bestridt teorien om russisk virksomhet på øyene før denne tid, og hevdet at den ikke støttes gjennom arkeologiske funn eller eldre skriftlige kilder. En arkeologisk undersøkelse av de russiske fangststasjonene (Hultgreen 2003) konkluderer med at virksomheten ved disse foregikk på hele 1700-tallet og i første halvdel av 1800-tallet. I kulturlandskapet på Svalbard finnes det spor etter mer enn 70 russiske fangststasjoner, i form av hustufter, graver og kors. Russerne (pomorene) utnyttet øyene på en ganske annen måte enn hvalfangerne, og de hadde uten tvil sine egne stedsnavn, blant annet Maloy Broun (for Edgeøya) og Bolschoy Broun (for Vest-Spitsbergen). Navneleddet Grumant- er også gammelt. Det er grunn til å tro at det finnes russiske skriftlige kilder med eldre navn fra Svalbard. En punktundersøkelse (jf Alhaug og Eskeland 2001:37) tyder på at russere på Svalbard i dag stort sett bruker de offisielle norske navnene på stedene, men med russisk uttale. Andre menneskers stedsnavn vitner om den russiske virksomheten i perioden 1700–1850: Russekeila, Russepynten og Russøya, navnegruppen Kapp Starostin, Starostinaksla og Starostinfjellet – etter den legendariske fangstmannen Ivan Starostin som døde på Svalbard i 1826 etter mer enn tretti overvintringer her, hvorav femten på rad – og muligens også navn som Gravsjøen og Gravodden, Krosspynten, Krossøya og Krossfjorden, med henvisning til russisk-ortodokse graver og kors.

Også norske selfangere og fangstfolk etablerte seg i området, mot slutten av 1700-tallet. Den første overvintringen skjedde i 1796. Fangstfolkene utvidet sin virksomhet samtidig med at den nederlandske og engelske hvalfangsten avtok etter 1800. Det var likevel få overvintringsekspedisjoner utover på 1800-tallet. I flere tiår etter 1850 var nordmennene stort sett alene om å utnytte tradisjonelle naturressurser på og rundt øyene, uten at det gav betydelige varige bidrag til kartlegging og navngiving av øyene. Først etter 1890-årene får virksomheten et oppsving. Blant norske navn fra fangstperioden kan nevnes Brækmoholmane og Erik Eriksen-stretet.

Selv om den primære oppgaven for fangstekspedisjonene mot Svalbard var å sikre et godt økonomisk utbytte, ble det allerede fra 1600-tallet utført mange oppgaver av mer eller mindre naturvitenskapelig art og grad: kartlegging av landskap, observasjoner av dyreog planteliv, geologi, klima og andre naturforhold. Egentlig vitenskapelig utforskning av øyområdene tiltok i andre halvdel av 1700-tallet. 1800-tallet medførte imidlertid en sterk økning av den europeiske forskningsvirksomheten omkring polare forhold og, som et resultat av denne, kreering av nye stedsnavn. For Svalbards vedkommende kom flere forhold til å få innflytelse på denne virksomheten, forhold som forenklet kan sammenfattes under følgende stikkord: naturvitenskapelig utvikling, bedre kommunikasjoner, internasjonale politiske strømninger, nasjonale politiske prioriteringer og nasjonal kulturell prestisje.

Et ledd i utviklingen av en klassisk naturvitenskap som geografi er navngiving av ukjente, men vesentlige og distinkte naturformasjoner. Et særtrekk ved den forserte kartleggingen og navngivingen (og omdøpingen av steder) som skjedde på Svalbard i siste halvdel av 1800-tallet, og til dels også langt inn på 1900-tallet, er også dens motivering av nasjonal politisk, kulturell og individorientert karakter. Et geografisk prosjekt kunne således også fremstå som et prosjekt for å hevde nasjonale politiske og kulturelle interesser – et tidstypisk trekk for siste halvdel av 1800-tallet. De nye stedsnavnene dokumenterte ulike nasjoners tilstedeværelse på øyene, og bidro til å manifestere nasjonale og personlige vitenskapelige prestasjoner. I et statsrettslig tilnærmet ingenmannsland som Svalbard kunne en slik navngiving tjene til eller oppfattes som en form for imperialisme, symbolsk eller reell tilegning av land, og etablering av nasjonal suverenitet. I så måte har navngivingen på Svalbard felles trekk med navngiving i koloniområder. Men mens koloniområder gjerne hadde et sett med egne stedsnavn, gitt av innfødte mennesker før kolonimaktenes eller utforskernes inntog, frembød Svalbard et unikt tomrom på grunn av manglende fast bosetning og etablerte navn.

Karakteristisk for stedsnavnene på Svalbard er det store innslaget av personnavn i førsteledd, i navn som Kopernikusfjellet, Longyearbyen og Hambergfjellet. Mens andelen av slike navn i andre områder, for eksempel Norge sett under ett, gjerne er vel 5 prosent, er andelen i dette utvalget av materialet fra Svalbard nærmere 50 prosent. Navnene forteller således mye om personer som på en eller annen måte etablerte eller fikk etablert et forhold til området, og mindre om selve det landskapet navnene er knyttet til, når en sammenligner Svalbard med andre områder. Dette forholdet reflekterer tydelig Svalbards interessante historie både som mål for vitenskapelige ekspedisjoner og som arena for et politisk spill, mellom personer og europeiske nasjoner som ønsket å markere egne posisjoner. Den norske navneforskeren Quigstad (1927) kommenterer dette trekket slik: «Valget av de personer som opkaldes, er ikke uten psykologisk interesse.» Vi skal derfor se nærmere på noen av disse navnene.

Den store tilveksten av navn som inneholder personnavn, skjer typisk nok på 1800-tallet og i første halvdel av 1900-tallet. Vi møter navn på en rekke vitenskapsmenn og utforskere, fra ulike europeiske land, gjerne gruppert i logiske grupper (for eksempel etter land, vitenskap eller ekspedisjon): Kükenthaløya, Lovénberget, Parryøya, Sverdrupisen, Vasil'evbreen. Mange av disse personene (A.E. Nordenskiöld, A. Petermann, M. Conway, G. de Geer) bidro selv til kartleggingen og utforskingen av Svalbard, og deltok personlig i diskusjonen omkring prinsipper for navngiving på Svalbard. Et grunnleggende synspunkt, som var vel utbredt i vitenskapelige geografiske kretser, var at navngiving var en rett og en belønning som tilkom oppdageren av et område eller en lokalitet. Noen personer ble også hedret gjennom kollegers og venners navngiving, uten at de selv hadde engasjert seg i den arktiske virksomheten, eller noensinne satt sin fot på Svalbard. Et eksempel på et slikt stedsnavn synes å være Schweinfurthberget, oppkalt etter tyskeren Georg A. Schweinfurth. Den tyske vitenskapsmannen og utforskeren Thomas Heuglin (jf Kapp Heuglin) besøkte Spitsbergen i 1870, og sørget for å navngi en rekke lokaliteter etter tyske Afrika-utforskere, deriblant også Schweinfurth. Det finnes også mange eksempel på at en oppkalte steder etter andre personer som på ulike vis bidro – politisk, økonomisk eller på annen måte – til å markere, etablere eller opprettholde nasjonal virksomhet og tilstedeværelse på Svalbard: Kapp Platen, Strongbreen, Wedel Jarlsberg Land. I sammenheng med slike navn kan vi også trekke fram navn som viser til kongelige eller adelige personer, som gjennom sine samfunnsposisjoner fikk en symbolfunksjon i form av offisielle nasjonale markører: Haakon VII land, James I Land, Karl XII-øya. En dobbeltfunksjon i så måte innehar navnet Albert I Land, som både viser til monegassisk tilstedeværelse på Svalbard og det forhold at fyrst Albert I av Monaco finansierte og selv ledet flere ekspedisjoner dit rundt 1900. Navnet Braganzavågen har også en adelig referanse, men uten tydelig politisk funksjon: Aldegonda, prinsesse av Braganza (Portugal), skal ha beskrevet denne bukta etter et opphold på Svalbard sammen med sin mann i 1892. Braganzavågen er for øvrig ett av de få navnene i dette materialet som kan knyttes til en kvinne. Svalbard har i alt overveiende grad vært besøkt av menn, uten fast bosetning i århundrer, og helt fram til moderne tid et utpreget mannssamfunn. Slikt setter spor, eller mangel på spor, i navnematerialet. Få kvinner minnes gjennom egen virksomhet. Et unntak finnes i navnet Lady Franklinfjorden, som viser til Lady Jane Franklin som i årene mellom 1850 og 1857 organiserte flere ekspedisjoner til Svalbard for å lete etter sin mann, John Franklin, som forsvant under en ekspedisjon i 1847. Det finnes også eksempel som viser at menn på Svalbard har hatt kvinnelige familiemedlemmer i tankene: Kapp Laura (mor) og Paulabreen (hustru). Navn som Lydiannasundet og Maudbreen skal en se bort fra i denne sammenhengen; de viser til skip som ble brukt i forbindelse med ekspedisjonsvirksomhet. Skipsnavnene er betydelig flere enn kvinnenavnene i dette utsnittet av materialet.

Den forserte navngivingen på 1800-tallet, sammen med den internasjonale kartproduksjonen som hadde pågått siden 1600, uten noen felles koordinerende administrasjon, førte etter hvert til en stadig større og mer uoversiktlig navneflora på Svalbard. Den samme lokaliteten hadde i svært mange tilfeller fått mer enn ett navn, gitt av ulike personer, fra forskjellige land, på forskjellige språk og ulike kart. Gamle navn var blitt flyttet til nye steder på nye kart, eller byttet ut med nye navn uten logisk grunn. Navn var blitt forandret, misforstått og oversatt (også ukorrekt). På 1800-tallet ble navngiving i praksis ofte bestemt gjennom utgiving av nye svenske og tyske kart, mye brukt og ofte kopiert, som inneholdt mange nyskapte navn, og bare til en viss grad tok vare på eldre navn. Rundt 1900 var behovet for fastsetting av riktige navn i området meget tydelig, karakterisert slik av en svensk forsker: «Namnförbistringen på Spetsbergen var då onekligen av babyloniska proportioner» (Wråkberg 1996).

Svalbards folkerettslige stilling var på dette tidspunktet blitt et emne på den politiske dagsorden, etter 300 år som 'herreløst' land. I forbindelse med hvalfangsten på 1600-tallet hadde Danmark-Norge forsøkt å hevde rett til området, uten hell. Først fra 1890-årene oppstod en ny norsk politisk interesse for Svalbard, befordret av tidens generelle politiske, økonomiske og kulturelle holdninger. Denne interessen ble styrket av unionsoppløsningen i 1905 og etableringen av gruvedrift på Spitsbergen etter 1900, særlig under første verdenskrig 1914–18. På fredskonferansen etter første verdenskrig i Paris i 1919 fremsatte Norge ønske om å få norsk suverenitet over Svalbard. Svalbardtraktaten, som ble inngått av ni land 9. februar 1920, tilkjente Norge denne suvereniteten. Det norske Stortinget vedtok 17. juli 1925 en lov som slo fast følgende: «Svalbard er en del av kongeriket Norge.» Dette var første gang Svalbard offisielt ble brukt som navn på det området som frem til da hadde vært betegnet Spitsbergen. Selve suverenitetsovertakelsen skjedde 14. august 1925, da traktaten trådte i kraft. Traktaten gav Norge rett og plikt til å iverksette tiltak for å sikre forvaltning av øygruppen i henhold til traktatens innhold.

Det norske polarforskningsmiljøet, styrket av Fridtjof Nansens utforskning av polarområdene i 1880- og 1890-årene, hadde støttet tanken om en anneksjon av øygruppen. En systematisk norsk kartlegging og utforskning av Svalbard ble grunnlagt i dette miljøet i 1906, muliggjort blant annet av geodetiske gradmålinger rundt århundreskiftet. Virksomheten de første par årene ble finansiert av eksterne midler, men etter 1908 foregikk arbeidet for norske midler, og i økende grad også offentlig finansiering. *De norske Svalbardekspedisjoner* (en forløper for *Norges Svalbard- og Ishavs-undersøkelser* (fra 1928), i dag *Norsk Polarinstitutt (*fra 1948)) forberedte i første halvdel av 1920-årene blant annet kart som skulle danne grunnlag for ulike eiendomskrav til landområder på øyene. Etter råd fra denne institusjonen oppnevnte Handelsdepartementet i 1924 en komité som skulle foreslå et konsistent navnemateriale for Svalbard, spesielt med tanke på fremtidige kart. Komitéens forslag for en del av materialet forelå i 1925. *De norske Svalbardekspedisjoner* fikk fra samme tidspunkt i oppdrag å fortsette arbeidet med revisjonen av materialet. Arbeidsoppgavene var omfattende: 1) etterspore alle navn i skriftlige kilder, 2) vurdere og avgrense materialets omfang, 3) fastsette metoder og prinsipp for valg av navn, 4) forklare innholdet i alle navn, 5) forklare hvorfor navn hadde vært valgt, og 6) foreslå endelig navn på hver enkelt lokalitet. Dette oppdraget ble i hovedtrekk avsluttet i 1937 og resultatene ble presentert i 1942 (kilde : «The Place-names of Svalbard», Introductory). Dagens offisielle stedsnavn på Svalbard er et resultat av dette mangeårige, tidkrevende og på mange måter imponerende arbeidet.

I verket «The Place-names of Svalbard» (1942) presenterte *Norges Svalbard- og Ishavs-undersøkelser* forslagene til offisielle navn, som resultat av revisjonen. Den følgende beskrivelsen av det nye navnematerialet bygger på informasjon fra dette verket. Navnekildene omfattet kart og dokument som var produsert gjennom 300 år, på en rekke forskjellige språk: norsk, svensk, islandsk, tysk, nederlandsk, engelsk, fransk, italiensk, polsk, russisk, tsjekkisk, irsk og finsk. En vedtok at navnene på Svalbard skulle få sin offisielle form på norsk, som en følge av norsk suverenitet over området. Offentlige regler fra 1933 for skrivemåten av navn på det norske fastlandet ble i hovedsak lagt til grunn for skrivemåten av navnene. I samsvar med disse reglene ble det benyttet nynorske ordformer. (Nyere regler for skrivemåten av navn i Norge (1957, 1990) har ikke ført til endringer i den ordningen som Norsk Polarinstitutt praktiserer for Svalbard). Fremmede navn ble oversatt til norsk eller fikk en stavemåte som var tilpasset norsk skrivemåte. Formålet var å gi navnematerialet en så norsk form som mulig, uten å bryte avgjørende med navnenes historie. Fornorskingsmetodene var flere. En hyppig brukt løsning var å oversette et navneledd (særlig sisteleddet), eller begge navneledd, i et sammensatt fremmed navn til norsk. Eksempel på dette kan være Wijdefjorden, av Wijde Bay

(1660), og Kongsfjorden, fra det opprinnelige nederlandske Koninks bay (1710, engelsk form Kings Bay 1820). I sjeldnere tilfeller ble fremmede navn byttet ut med andre norske navn. Fremmede navn som ikke var innarbeidet, eller ikke refererte til naturlig eller tydelig avgrensete enheter, ble slettet. Generelt la en mer vekt på å fornorske navnene på kjente og fremtredende lokaliteter enn på fjerntliggende, mindre kjente steder. Fremmede navn som var misforstått, og i tidens løp hadde fått en ny form av norske fangstfolk, ble erstattet med andre navn. Slik mistet de eldre norske navneformene Sauehavna og Grønne Herberg (opprinnelig Safe Harbour og Green Haven) en plass i det nye navnematerialet, og ble erstattet med navnene Trygghamna og Grønfjorden. Stilt foran valget mellom flere navn på samme sted foreslo en å velge det eldste navnet på stedet, forutsatt at navnekilden var god. En foreslo også å unngå identiske navn på to eller flere forskjellige steder, ved å la stedet der navnet ble brukt først, få beholde sitt navn, og gi andre steder nye navn.

Revisjonskomitéen gjorde som vist rede for flere prinsipp som den la til grunn for arbeidet sitt. Komitéen måtte i noen tilfeller velge blant flere mulige fremgangsmåter og løsninger. En valgte blant annet til en viss grad å se bort fra navn som var eldre enn 1800-tallet, til tross for at prinsippet om å beholde det eldste navnet faktisk var knesatt. Et eksempel på dette er Recherchefjorden (Baie de la Recherche 1838, mer opprinnelig Schoonhaven 1613). En valgte også delvis å gi nye navn i stedet for å gjøre gjenbruk av eldre «tiloversblevne» navn eller navn med en noe usikker stedfesting. Slik kom en del eldre navn til å vike for yngre navn, og navn fra fangstperioden ble dermed til en viss grad erstattet med forskernes og utforskernes nyere navn.

Den viktige symbolske oppgaven med å revidere stedsnavnene på Svalbard ble erkjent så tidlig som i 1925, gjennom det offisielle skiftet av navnet på øygruppen til Svalbard (tidligere Spitsbergen). Den norske revisjonen av navnene på Svalbard, dokumentert i det nevnte verket «The Place-names of Svalbard» (1942), dannet avslutningen på de kaotiske navneforholdene i området. Av om lag 10 000 navn – medregnet flerspråklige varianter, uklare navn og navn uten sikker kartfesting – gjenstod 3 500 navn, som hadde fått sine offisielle former (Wråkberg 1996:49). Fra norsk side så man revisjonsarbeidet som en nasjonal plikt, og også rett, i henhold til Svalbardtraktaten av 1925 som gav Norge i oppgave å tilrettelegge forholdene på Svalbard for internasjonal bruk. Formelt sett ble navneformene presentert som forslag til diskusjon, men i realiteten forble resultatet som ønsket fra komitéens side. Forslagene ble tilsynelatende møtt med respekt og aksept, og i ettertid fremstår revisjonen som meget vellykket på mange vis. Det totale antall offisielle navn ble betydelig mindre. Alle navn fikk fastsatt korrekt norsk stavemåte. Valg av helnorske stavemåter kunne oppfattes som et bevisst trekk i bestrebelsene på å vise omverdenen at Svalbard for ettertiden skulle være norsk land, selv under skiftende politiske forhold. Gjennom en konsistent norsk navngiving i nyere tid, ved Norsk Polarinstitutt, synes situasjonen å være avklart for fremtiden. Antall godkjente navn er nå (2004) om lag 8000.

Introduction

Svalbard is the name of an archipelago of various sized islands in the ocean between Norway and the North Pole. The largest islands are Spitsbergen (37 814 km^2), Nordaustlandet (14 467 km^2), Edgeøya (5073 km^2), Barentsøya (1288 km^2), Prins Karls Forland (615 km^2), Kong Karls Land (two large and some small islands, 331 km^2), Bjørnøya (178 km^2), and Hopen (46 km^2). In addition to this, the archipelago contains smaller islands, islets and skerries. The total area is 61 020 km^2.

Written sources (among them the Norwegian work Speculum Regale, ca. 1250) show that already in the Viking era (800–1100) Norwegians and Icelanders believed that there was solid, continuous land north of the Polar Sea. This land represented a connection between Greenland and northern Russia (Bjarmeland), and formed a bay, the so-called Hafsbotn (lit. 'the end of the sea'), in the ocean north of Norway. The Norwegian viking Ottar had sailed east to Bjarmeland, to the White Sea, as early as 890, and his story, which he told the English king Alfred the Great, together with mythic conceptions of this unknown area, added to the conception that was created and documented in the old sagas. According to the sources, the climate was cold, with drift ice and pack ice in the ocean, and glaciers onshore.

The use of Svalbard as the official name of the archipelago is comparatively recent (1925), but the name Svalbard dates further back. The description of the climate in the sources supports, and is supported by, a reference to a newly discovered area, in Icelandic annals from the year 1194. Here we find the following short statements «Svalbarz fundr» and «Svalbarðzfvnndr» ('discovery of Svalbard') and «Svalbarði fvndinn» ('Svalbard discovered'). The name Svalbard, in this first known source, is commonly understood as 'cold/cool edge/ brim' – a fair description of a cold shore. In the introductory first chapter of the Icelandic Landnámabòk (1200–1250), the distance between Iceland and this Svalbard is described in these words: «from Langanes in northern Iceland the distance to Svalbard north in Hafsbotn is four days and nights». The distance between Langanes and Sørkapp on Spitsbergen is about 840 nautical miles. Four days and nights under sail presuppose an average speed of 9 nautical miles per hour. The speed suggested is not unduly high, but it takes a good and steady wind. But, even if we accept that the description in Landnámabòk matches the distance between Iceland and Svalbard, the description is nevertheless so vague that it can only to a certain extent support the theory that Svalbard of the annals is todays Svalbard. It does not exclude other theories either. We cannot place too much weight on the description of the distance in Landnámabòk, given the short period of time between the discovery and the writing of the book. The question of identifying Svalbard from the annals has led to discussion among scholars and laymen. The eastern coast of Greenland as well as the island of Jan Mayen have both been mentioned, too, as well as the edge of the drift ice.

Following archaeological exploration of Svalbard in the 1950s, scientists claimed to have found traces of Scandinavian settlement dating back to the period 1300–1500 (Simonsen 1982). Other traces, presumably indicating settlement dating back to the Stone Age, and explained by migration from the White Sea area, also drew attention (Christiansson and Simonsen 1970). In addition to this, Russian scientists have asserted that Russian trappers – pomors from the White Sea area – were present and active on the islands before Barentsz landed in 1596. A recent analysis of local finds does not support these theories and assertions (Hultgreen 2003). So far, there seems to be no archaeological or other evidence indicating any settlement or activity on Svalbard before 1600. It is, nevertheless, correct to bear in mind that this conclusion does not necessarily weaken the theory that Svalbard in the annals is the Svalbard of today. It merely states that no trace has been found of any early visitors or inhabitants.

The archipelago was literally put on the map in 1598, after the Dutch pilot and mariner Willem Barentsz' visit to Bjørnøya and Spitsbergen in 1596. Barentsz' goal, as pilot on board a merchant's vessel, was to find the North East Passage, and a shorter sea route from Europe to China and India. Bjørnøya ('t Beeren Eyland) was sighted June 10th, 1596. The island was named after a match between the crew and a polar bear in the sea. In his diary, dated June 17th, Barentsz reports that they have discovered land. A few days later, he records the following: «the land . . . is divided, fairly high, nothing but mountains and peaks, we therefore called it Spitsbergen». On Barentsz' private map, published in 1598 after his death, the area is simply named Nieuland (Het nieuwe land), 'the new land'. Spitsbergen nevertheless remained the official name of the archipelago for more than 300 years. Other names also given by the first Dutch expedition are Ghebroken lant, Amsterdammer eiland, Deense eilant, Vogelsang, Vogelhoeck, Keerwyck, Grooten Inwyck, Inwyck and Tandenbaai.

On returning home from this expedition, the Dutch described the scenery and told stories about the abundance of birds, seals, whales, walruses and polar bears. The techniques and technology needed for commercial hunting were known in Europe at that time. Europeans were familiar with products from walrus. Several nations (England, Spain, the Netherlands, France) fitted out expeditions to hunt whales from the beginning of the 17th century, and made substantial catches in the following decades. At the same time, the English coined their own names for the area, namely King James' his New-land, and Greenland – the latter illustrating the widespread belief that Svalbard was in fact a part of Greenland.

The whalers contributed greatly to the naming and mapping of the archipelago. Around 1700, the outline of the coasts was known, even the less accessible eastern islands, which were often barred by drift ice and fog. To the whalers, the naming and mapping of whaling grounds, the coastline, depths, harbours, anchorages and suitable places for shore stations were of primary interest. A name obviously dating back to the whaling period is Smeerenburg ('Blubber Town'), referring to the most important Dutch shore station on Amsterdamøya (ca. 1630–50). From this time we also encounter the first persons through the names: Ryke-Yseøyene and Edgeøya, Biscayarhuken, Danskøya and Engelskbukta. Other names from the 17th century describe the landscape: Bangenhuk, Fuglesongen, Hopen, Kvadehuken, Verlegenhuken and Wijdefjorden. One characteristic of the names referring to the landscape is the limited vocabulary, and the restricted number of names referring to individual topographic details or specific shapes and landforms. This may be explained by the lack of a settled population, and limited flora and fauna. The oldest maps show little apart from the coastlines and the names along the coast. The inland remained an unknown and unnamed territory for a long time. Dutch and English cartographers produced good maps of the archipelago, considering the circumstances. Maps were also produced by other nations, but as a rule, they were copies of former maps. The names, however, were often translated or adapted to the language of the country in question, thus creating a number of variants of every important name. Towards the end of the whaling period (ca. 1700), the names in different languages presented a confusing linguistic salad bowl. One should bear in mind the special conditions for giving, using, recording and preserving names on Svalbard, from 1600 and up to 1950, compared to conditions in areas which had a settled population.

After 1650, the shore stations for whaling were gradually abandoned, as a result of the extermination of the Greenland whale, and the growth of pelagic whaling. Consequently, Svalbard became less important to whalers. However, this left room for hunters to explore other resources, such as valuable animals. According to Russian tradition, Russian hunters (pomors) had arrived at the archipelago as early as the 12th or 13th century, and had established permanent activities around 1550. So far, Western scientists have questioned this, referring to the lack of archaeological material to support the claims. In the culture landscape on Svalbard, traces and remnants of more than 70 Russian hunting stations have been found, especially house ruins, graves and crosses, from the period 1720–1850. The Russians explored the islands in a different way from the whalers, and they no doubt had their own place names – among them Maloy Broun (Edgeøya) and Bolschoy Broun (Vest-Spitsbergen). The word Grumant (cf. Grumantbyen, Russian settlement south of Isfjorden) is also old, and probably a derivation from the name Greenland. It seems reasonable to assume that there exist Russian documents containing older names from Svalbard. A minor investigation (cf. Alhaug and Eskeland 2001:37) indicates that the Russians on Svalbard today use the official Norwegian placenames, but with a Russian pronounciation. Nevertheless, memories of Russian hunters have been preserved in non-Russian place names: Russekeila, Russepynten and Russøya, the group Kapp Starostin, Starostinaksla and Starostinfjellet – after the legendary trapper Ivan Starostin, who died on Svalbard in 1826 after more than thirty years of hunting – and probably also names like Gravsjøen and Gravodden, Krosspynten, Krossøya and Krossfjorden, with reference to Russian-orthodox graves and crosses.

Norwegian sealers and hunters established themselves on the islands, too, towards the end of the 18th century. The first wintering was undertaken in 1796. They expanded their activities parallel to the decline in the Dutch and English activity, even though there were few winterings after 1800. After 1850 and for decades after, the Norwegians were almost alone in exploiting the resources of the archipelago. Their presence, however, does not seem to have contributed much to the nomenclature or mapping of Svalbard. Names commemorating Norwegians from this period are Brækmoholmane and Erik Eriksenstretet.

The primary target of the hunting expeditions to Svalbard was to secure substantial financial profit. But in addition to that, members of various expeditions often made observations or performed non-scientific tasks: mapping of the landscape, observations of flora and fauna, geology, clima and other natural conditions. Proper scientific exploration of the islands increased in the second part of the 18th century. The 19th century saw a vast expansion in the scientific and economic interest in polar matters in Europe, and, as a result of this, in the creation of new place names. Regarding Svalbard, different matters had an impact upon the naming. These can be summed up under headwords like scientific development, better communications, international political trends, national political priorities and national cultural prestige.

An element in the development of a classical natural science such as geography is the naming of formerly unknown, but important and distinct localities. A characteristic feature of the forced mapping and naming process (and re-naming) which happened on Svalbard in the last part of the 19th century, and even in the first part of the 20th century, is also based on national, political, cultural, financial and personal motivation. A geographic project could also be explained as a project for promoting or supporting national political and cultural interests – a quite common enterprise in the 19th century. The new place names documented the presence of various nations in the archipelago, and added to the manifestation and display of national and private scientific achievements. In a political 'no man's land' like Svalbard, such naming of places could serve as or be understood as a form of imperialism, symbolic or the real claiming of land, and the establishment of a national superiority over the land. Thus the naming of places on Svalbard has something in common with the naming of places in European colonies in Africa. But while the colonialized areas usually had a set of native place names, coined by natives long before the days of colonialism, Svalbard presented itself as an empty room, because of its lack of native people with established names.

Another characteristic feature of the place names on Svalbard is the vast element of names containing personal names – names like Kopernikusfjellet, Longyearbyen and Hamborgfjellet. While the share of such names elsewhere is often 5–8 per cent, as on the mainland in Norway, the share in this collection from Svalbard amounts to nearly 50 per cent. Thus the names tell us a lot about persons who, in one way or another, formed, or had formed for them, a relationship with the place or area. And, consequently, the names reveal less about the landscape the names are referring to, compared with names in other areas. This also reflects the interesting history of Svalbard in the 20th century, both as a target for scientific expeditions and as a scene for a political play, between European nations and persons who wanted to maintain their own positions.

The large growth in place names containing personal names typically enough takes place in the last half of the 19th century and the first decades of the 20th century. We encounter names of various scientists and explorers, often grouped in a logical way, from different European countries: Kükenthaløya, Lovénberget, Parryøya, Sverdrupisen, Vasil'evbreen. Several of the persons commemorated in names were cartographers, and participated personally in the discussion about the principles and procedures of naming (A.E. Nordenskiöld, A. Petermann, M. Conway, G. Isachsen, G. De Geer). A basic view, held by many scientists, not least geographers, was that the naming of a place was a right, and a reward, granted to the person who discovered a place or first described it. Some persons were remembered through the naming by colleagues or a member of their family, without being personally related to Svalbard in any way at all, or having stepped upon Arctic soil at all. Schweinfurthberget may serve as an example in this case. The small mountain ('berg') was named after a German, Georg A. Schweinfurth. A fellow German, the scientist and explorer of Africa, Thomas Heuglin (cf. Kapp Heuglin), visited Svalbard in 1870, and managed to name several places after other German explorers of Africa, among them Schweinfurth. There are also many examples which show that several places were named after persons who, in different ways – politically, financially or in other ways – contributed to establish, indicate or maintain national presence and activity on Svalbard: Kapp Platen, Strongbreen, Wedel Jarlsberg Land. Then there are also names which refer to royal persons or persons belonging to the nobility, who, through their positions in society, acquired a symbolic function, as official national markers: Haakon VII Land, James I Land, Karl XII-øya. Albert I Land has a unique double function in this group, the name showing both Monacan presence on Svalbard, and commemorating the Duke of Monaco, Albert I, who financed and led several expeditions to Svalbard around 1900. Aldegonda, Princess of Braganza (Portugal) is also remembered in her own right, because of her description of the bay Braganzavågen after a journey to Svalbard with her husband in 1892. Braganzavågen is one of rather few names in this material referring to a woman. Svalbard has mainly been visited by men, without a stable settlement for centuries, and up to modern times a distinct male society. Such conditions are reflected in the place names. Few women are remembered because of their own deeds on Svalbard. The name Lady Franklinfjorden is an exception, commemorating Lady Jane Franklin who organized several expeditions between 1850 and 1857 to search for her husband, John Franklin, who disappeared on an expedition in 1847.

There are also examples which show that men who visited Svalbard, also had female members of their families in mind: Kapp Laura (mother), Paulabreen (wife). Names like Lydiannasundet and Maudbreen should not be considered in connection with this, as they refer to ships used for expeditions. There are more names referring to ships than to women in this material.

The forced naming in the 19th century, together with the international production of maps which had been going on continuously since 1600, without any coordinating authority, led to an ever more confusing picture. The same locality often had various names, given by various people, from different countries, in different languages and on a variety of maps. Old names had been moved to new places, or replaced by new names on new maps, for no obvious reason. Names had been changed, misunderstood and translated – also incorrectly. In the 19th century, names were often produced in connection with new Swedish and German maps that were used a lot and often copied. The maps contained many new names, but often failed to preserve old ones. Around 1900, the need for correct and fixed names became evident.

At this time, the international legal position of Svalbard had become a topic of interest on the European political agenda, after more than 300 years as 'no man's land'. In the whaling period in the 17th century, the Danish king had unsuccessfully tried to claim general sovereignty over the area, on behalf of the joint monarchy of Denmark-Norway. After 1890, a new political interest in Svalbard developed in Norway, in connection with general political, economic and cultural attitudes. This interest was promoted by the end of the union between Norway and Sweden in 1905, and the establishment of a mining industry on Spitsbergen after 1900, especially during the First World War. At the peace conference in Paris in 1919, Norway expressed its wish to be granted full Norwegian sovereignty over Svalbard. The Svalbard treaty, which was signed by nine nations on February 9, 1920, granted Norway this right. On July 17, 1925, The Norwegian Assembly passed a law, stating «Svalbard is a part of the Kingdom of Norway». This was the first time Svalbard was used as the official name, which up to that time had been known as Spitsbergen or the «Spitzbergen Archipelago». The sovereignty was formally transferred to Norway on August 14, 1925. The treaty granted Norway the right and obligation to implement measures regarding the administration of the archipelago in accordance with the content of the treaty.

The Norwegian Arctic Exploration community, encouraged by Frithjof Nansen's exploration of the polar regions in the 1880s and 1890s, had been in favour of a political annexation of the archipelago. The systematic exploration and mapping of Svalbard that was founded in this community in 1906, was made possible by geodetic measurements around the turn of the century. During the first few years, the activities were financed externally. After 1908, this funding came from Norwegian sources, especially public sources. In the years following 1920, the institution De norske Svalbardekspedisjoner (The Norwegian Svalbard Expeditions, a predecessor of Norges Svalbard- og Ishavs-undersøkelser (Norwegian Svalbard and Arctic Ocean Survey, from 1928), today's Norsk Polarinstitutt (Norwegian Polar Institute, from 1948)), was preparing maps which, among other purposes, would form the basis for the settlement of various claims to private land and rights in the archipelago. Following advice from this institution, the Ministry of Trade appointed a committee in 1924, with the task of proposing homogeneous place names for Svalbard. The committee presented its recommendations in 1925. From the same time, De norske Svalbardekspedisjoner was requested to continue the work. This task had many aspects: 1) Trace all names which had appeared in print, 2) Decide what material should be examined, 3) Decide the methods and principles to be used in determining the names, 4) Explain the meaning of every single name, 5) Explain why the particular names have been chosen, and 6) Motivate proposals for final names for all localities which have names. The commission completed its work in 1937, and the results were presented in 1942 (source: «The Place-names of Svalbard» Introductory). The official place names on Svalbard today are a result of this lengthy, time-consuming and in many ways impressive work.

In the work «The Place-names of Svalbard» (1942) Norges Svalbard- og Ishavs-undersøkelser presented the proposals for the official names, as a result of the revision. The following description of the name proposals is based upon information from this book, especially from the introductory chapter. The sources contained maps, books and other documents, produced over 300 years, in many different languages: Norwegian, Swedish, Icelandic, German, Dutch, English, French, Italian, Polish, Russian, Czech, Celtic and Finnish. It was decided that the official place names of Svalbard should have a Norwegian spelling, because of Norwegian sovereignty over the area. The names should be spelt in accordance with official rules (from 1933) for the spelling of Norwegian place names on the mainland. Also in accordance with these rules, the names were given a neo-Norwegian form. (New rules and regulations for the spelling of place names in Norway (1957, 1990) have not caused alterations in the system that Norsk Polarinstitutt practises for Svalbard). Foreign names were translated into Norwegian or spelt in a way that was in harmony with Norwegian spelling. The idea was to give the names a Norwegian form, without breaking entirely with history. Various ways of Norwegianizing the names were employed. A frequent solution was to translate a part (especially the last, general part), or both parts, of a complex name into Norwegian. An example of this can be Wijdefjorden, from Wijde Bay (1660), and Kongsfjorden, from the original Dutch Koninks bay (1710, English form Kings Bay 1820). Less frequently, foreign names were replaced by Norwegian names. Foreign names which were not well established, or did not refer to natural or distinct localities were deleted. Generally speaking, it was preferred to Norwegianize the names of well-known and distinct localities rather than the names of remote, less-known places. Foreign names which had been understood, and which had acquired a new form because of this, were replaced by other names. Because of this, the older Norwegian forms Sauehavna (Sheep Harbour) and Grønne Herberg (Green Haven) were replaced by the names Trygghamna (Safe Harbour) and Grønfjorden (Green Fjord). Confronted by the task of having to choose between several names referring to the same place, it was suggested that the oldest name was chosen, provided the source was good. It was also suggested identical names for two or several places was avoided, by retaining the name for the place where the name was first recorded, and giving new names to other places.

The naming committee, as shown, explained several principles that lay behind its work. In many cases, the committee had to choose between many possible solutions. In certain cases, one chose to leave out names which were older than 1800, despite the principle of preferring the oldest name. An example of this is Recherchefjorden (Baie de la Recherche 1838), previously known as Schoonhaven (1613). One also decided to introduce new names instead of using older unidentified names, or «spare» names, which had been made redundant for some reason. As a result of this, many old names were replaced by new names, and names from the hunting era were to a certain degree replaced by names referring to explorers and scientists.

The Norwegian revision of the place names of Svalbard, as recorded in «The Place-names of Svalbard» (1942), marked the end of the chaotic situation for the names. From about 10 000 names – including multilingual variants, unclear names and unidentified places – 3 300 names remained, which were proposed as the definitive names. In Norway, the task of revision was perceived as a national duty, and also a right, in accordance with the Treaty of 1925 which charged Norway with the task of preparing the conditions on Svalbard for international use. Formally, the new names were presented as proposals to be discussed, but in reality the proposals were accepted. With hindsight, the revision was successful in many ways. The total number of official names was reduced. All names were given the correct Norwegian spelling. The choice of a Norwegian spelling could be perceived as a deliberate act to show the world that Svalbard was to remain a part of Norway, even given the shifting political conditions.

The important symbolic task of revising the names on Svalbard was stated as early as in 1925, through officially changing the name of the archipelago to Svalbard (formerly Spitsbergen). In 1942, Norwegian scientists presented their proposals for new official names. Their proposals were met with both acceptance and respect. Due to the consistent practice of Norwegian name-giving by Norsk Polarinstitutt in the post-war period, the situation for the future seems to be settled. In 2004, the number of officially recognized names is 8000.

Artikkelstruktur

Artikkelen innledes med stedsnavnet, i sin offisielle form. Deretter følger en grov stedfesting av navnet, gjengitt ved lengdegrad vest for navnet på kartet (to første tall) og breddegrad sør for navnet (to siste tall). Det aktuelle stedet eller området er stedfestet med en nøyaktighet på 1º. Den norske teksten, og den påfølgende (identiske) engelske teksten, inneholder en kort beskrivelse av lokalitetstype (med blant annet høyde på fjell), og av lokalitetens beliggenhet i forhold til større eller bedre kjente lokaliteter, samt av eventuelt karakteristisk utseende. For lokaliteter som er oppkalt etter personer eller steder, gis det informasjon om personen eller stedet, og en begrunnelse for oppkallingen. I enkelte tilfeller gis det annen informasjon som kan være av interesse for leseren.

Den viktigste kilden for navneforklaringene er verket «The Place-names of Svalbard». Denne kilden er supplert og oppdatert med informasjon fra annen litteratur (se Litteratur) og Internett.

Structure of the articles

The article is headed by the place name, in its official spelling. Then follows a rough indication of locality, achieved by longitude on the west side of the name on the map (two first numbers), and latitude on the south side of the name (two last numbers). The actual place or area is stated with an accuracy of 1º. The Norwegian text, and the following (identical) English text, contains a short description of the type of locality, and of characteristic features of the place (e.g. ascent of mountains), and also a description of the position of the locality in relation to larger or better known localities. For localities named after persons or places is given some information about the person or place in question, and why the places were named after them. In certain cases, information that can be of special interest to the reader, is added.

The main source for the explanation of the place names is the work «The Place Names of Svalbard». Information from this source is supplied and updated with information from other documents (see Literature) and Internet.

Liste over geografiske termer
List of geographical terms

banke	bank, elevation of the sea-bottom	jøkul	glacier
berg	mountain, hill	kam	hill, mountain, ridge
bog	bay, cove	kapp	cape
botn	head of fjord, upper end of valley	kyst	coast
bre	glacier	lagune	lagoon
bukt	bay, cove	land	land
by	town	nes	point, headland
dal	valley	odde	point, headland
fjell	mountain	pigg	peak, mountain
fjord	fjord, cove	pynt	point
flot	plateau	renne	lane channel
fly	mountain plateau	rinde	ridge
fonn	snowfield, glacier	skavl	snowdrift
forland	foreland	strete	strait
fyr	light	stup	cliff
gatt	gat, narrow inlet	sund	sound
gruve	mine, pit	tange	point, promontory
halvøy	peninsula	tind	peak, mountain
hav	sea, ocean	topp	top, peak
hei	hill, mountain	veg	road
hole	hollow	vidde	mountain plateau
holme	holm, islet	vik	cove, small bay
horn	horn	våg	bay, cove, inlet
huk	hook, headland	øy	island
høgd	hill, small mountain		
is	ice, glacier		

Abeløya
7930

Øy i øygruppen Kong Karls Land. Etter Niels H. Abel (1802–29), norsk matematiker.

Island in Kong Karls Land. After Niels H. Abel (1802–29), Norwegian mathematician.

Adventdalen
7815

Dal på Spitsbergen, innafor Adventfjorden. Dalen har navn etter fjorden (se Adventfjorden).

Open valley on Spitsbergen, running from the head of Adventfjorden. The valley is named after the fjord (see Adventfjorden).

Adventfjorden
7815

Fjordarm på Spitsbergen, sørsida av Isfjorden. Navnet Adventfjorden er en fornorsking av Adventure Bay, trolig etter den engelske hvalbåten Adventure som holdt til i den innerste delen av Isfjorden i 1656.

Fjord branching on Spitsbergen, off to the south from Isfjorden. The name Adventfjorden is a Norwegian adaptation of Adventure Bay, probably after the English whaler Adventure, which was stationed in the innermost part of Isfjorden 1656.

Agardhbukta
7818

Bukt på østkysten av Spitsbergen, ved Storfjorden. Jacob G. Agardh (1813–1901), svensk botaniker, undersøkte materiale fra de svenske Spitsbergen-ekspedisjonene.

Bay on Spitsbergen, on the western side of Storfjorden. Jacob G. Agardh (1813–1901), Swedish botanist, worked up material from the Swedish Spitsbergen expeditions.

Agardhdalen
7818

Dal på Spitsbergen, innafor Agardhbukta. Dalen har navn etter Jacob G. Agardh (se Agardhbukta).

Valley on Spitsbergen, at the head of Agardhbukta. The valley is named after Jacob G. Agardh (see Agardhbukta).

Agardhfjellet
7818

Fjell (586 m) på Spitsbergen, nordafor Agardhbukta. Fjellet er navngitt etter Jacob G. Agardh (se Agardhbukta).

Mountain (586 m) on Spitsbergen, north of Agardhbukta. The mountain is named after Jacob G. Agardh (see Agardhbukta).

Ahlmannfonna
8022

Innlandsbre på Nordaustlandet, mellom Rijpfjorden og Duvefjorden. Hans J.K.W. Ahlmann (1889–1974), svensk geograf og ambassadør i Oslo, ledet to ekspedisjoner til Svalbard (1931 og 1934).

Inland ice on Nordaustlandet, between Rijpfjorden and Duvefjorden. Hans J.K.W. Ahlmann (1889–1974), Swedish geographer and ambassador to Oslo, Norway, headed two expeditions to Svalbard (1931 and 1934).

Akselsundet
7714

Sund på nordsida av Akseløya, mellom Bellsund og Van Mijenfjorden. Sundet har navn etter Akseløya (se dette).

Sound on the northern side of Akseløya, between Bellsund and Van Mijenfjorden. The sound is named after the island Akseløya (see this).

Akseløya
7714

Øy ved munningen av Van Mijenfjorden på Spitsbergen. Øya er navngitt etter den norske skonnerten og fangstbåten Axel Thordsen, som ble brukt under en Spitsbergen-ekspedisjon i 1864. Samme båt har også gitt navn til Kapp Thordsen, sørspissen av halvøya mellom fjordarmene Nordfjorden og Dicksonfjorden i Isfjorden. Navnet Axel Thordsen stammer fra den danske middelalderfolkevisa om Aksel og Valborg. Akseløya blokkerer på det nærmeste munningen av Van Mijenfjorden, og skaper vanskelige isforhold i fjorden.

Island separating Bellsund and Van Mijenfjorden, Spitsbergen. The island is named after the Norwegian Schooner Axel Thordsen, which was chartered for a Spitsbergen expedition in 1864. The same boat has also given name to Kapp Thordsen, the south point of the peninsula between the smaller fjords Nordfjorden and Dicksonfjorden in Isfjorden. The name Axel Thordsen stems from a medieval Danish folk song which tells of Aksel and fair Valborg. Akseløya is nearly blocking Van Mijenfjorden, causing difficult ice conditions in the fjord.

Albert I Land
7910

Landområde på nordvestenden av Spitsbergen. Albert I (1848–1922), fyrste av Monaco 1889–1922, finansierte og ledet flere ekspedisjoner til Svalbard i tidsrommet 1898–1907.

Area at the northwestern corner of Spitsbergen. Albert I (1848–1922), Prince of Monaco 1889–1922, financed and led several expeditions to Spitsbergen 1898–1907.

Albertinibukta
8025

Bukt på nordøstsida av Nordaustlandet, mellom Bergströmodden og Kapp Bruun. Den italienske ingeniøren Giovanni Albertini (1902–?) deltok i leteekspedisjoner i 1928 og 1929 etter Umberto Nobile og hans ekspedisjonsmedlemmer.

Bay on the northern coast of Nordaustlandet. The Italian engineer Giovanni Albertini (1902–?) was a member of expeditions which searched for Umberto Nobile and the members of his expedition in 1928 and 1929.

Amadeusberget
7819

Fjell på Spitsbergen, mellom Sonklarbreen og Negribreen. Amadeus (1845–90) var konge av Spania 1870–73.

Mountain on Spitsbergen, between the glaciers Sonklarbreen and Negribreen. Amadeus (1845–90) was King of Spain 1870–73.

Amsterdamøya
7910

Øy ved nordvestenden av Spitsbergen, vestafor Smeerenburgfjorden. Nederlendere brukte øya som base under hvalfangsten på 1600-tallet. Øya er navngitt etter byen Amsterdam.

Island near the northwestern corner of Spitsbergen, west of Smeerenburgfjorden. One of the quarters of the Dutch during their whaling operations in the 17th century. The island is named after the city of Amsterdam.

Andrée Land
7914

Landområde på Spitsbergen, mellom Woodfjorden og Wijdefjorden. Området er oppkalt etter Salomon A. Andrée (1854–97), svensk ingeniør og arktisk utforsker. Han var medlem av flere arktiske ekspedisjoner, og den første som drev polarforskning ved hjelp av ballongferd. Andrée omkom på Kvitøya i 1897 etter et mislykket forsøk på å nå Nordpolen med ballong.

Area on Spitsbergen, between Woodfjorden and Wijdefjorden. The area is named after Salomon A. Andrée (1854–97), Swedish engineer and polar explorer. He was a member of several Arctic expeditions, and the first to attempt Arctic exploration by air. Died on Kvitøya 1897, after an unsuccessful attempt to reach the North Pole by balloon.

Andréeneset
8031

Nes på sørvestenden av Kvitøya. Neset er oppkalt etter Salomon A. Andrée (1854–97), svensk ingeniør og polarforsker (se Andrée Land). I dette området ble restene av den siste Andrée-ekspedisjonen (fra 1897) funnet i 1930.

The western point of Kvitøya. The area is named after Salomon A. Andrée (1854–97), Swedish engineer and polar explorer (see Andrée Land). In this area, the relics of the last Andrée expedition (of 1897) were found in 1930.

Arnesenodden
7826

Nes, nordenden av Svenskøya i Kong Karls Land. Magnus Arnesen (1846–1903) var norsk selfangstskipper (fra Tomasjord, Troms). Han utforsket også havområdet rundt Svalbard, og mottok flere anerkjennelser for sine vitenskapelige observasjoner og oppdagelser i arktiske farvann.

Point in the northernmost part of Svenskøya in Kong Karls Land. Magnus Arnesen (1846–1903) was a Norwegian sealing skipper (from Tomasjord, Troms). He was also an explorer of the Spitsbergen archipelago, and received several marks of distinction because of his scientific observations in the Arctic Ocean.

Arrheniusfjellet
7716

Fjell (882 m) på Spitsbergen, sørøst for Van Keulenfjorden. Svante A. Arrhenius (1859–1927) var svensk oseanograf og fysiker. Han fikk Nobelprisen i kjemi i 1903.

Mountain (882 m) on Spitsbergen, at the head of Van Keulenfjorden. After Svante A. Arrhenius (1859–1927), Swedish oceanographer and physicist. Arrhenius received the Nobel price in chemistry 1903.

Atomfjella
7916

Fjellområde på Spitsbergen, østafor Austfjorden, ved sørenden av Wijdefjorden. Navnet inneholder ordet atom. I fysikk og kjemi er et atom den minste komponenten i et element som har elementets kjemiske egenskaper. Navnet reflekterer på sitt vis den rollen vitenskapsmenn har spilt i navngivingen på Svalbard.

Mountains on Spitsbergen, east of Austfjorden. The name contains the word atom. In physics and chemistry, the word atom designates the smallest component of an element having the

Atomfjella. © Thor Bjørn Arlov

chemical properties of the element. In its way, the name reflects the role scientists have played in the naming of Svalbard.

Austfjorden

7916

Fjord på Spitsbergen, østenden av Wijdefjorden. Aust- i motsetning til fjordarmen Vestfjorden, lenger nord og vest i Wijdefjorden.

Fjord on Spitsbergen, the eastern part of Wijdefjorden. Aust- (Norw. for East-) as opposed to the branch Vestfjorden (West-), further north and west in Wijdefjorden.

Austfonna
7924

Isbre på Nordaustlandet, dekker den østlige delen av øya. Navnet er gitt i forhold til den mindre breen Vestfonna, som dekker den nordvestlige delen av Nordaustlandet.

Glacier covering the eastern part of Nordaustlandet. The name is related to the smaller glacier Vestfonna, which covers the northwestern part of the island.

Austre Torellbreen
7715

Bre på vestsida av Spitsbergen, på østsida av Raudfjellet i Wedel Jarlsberg Land. Breen er oppkalt etter Otto M. Torell (se Torell Land).

Glacier on Spitsbergen, east of Raudfjellet, in Wedel Jarlsberg Land. The glacier is named after Otto M. Torell (see Torell Land).

Backlundtoppen
7818

Fjell (1068 m) på Spitsbergen, mellom Billefjorden og Ginevrabotnen. Den svensk-russiske astronomen Johan O. Backlund (1846–1916) var blant annet medlem av kommisjonen for den svensk-russiske gradmålingsekspedisjonen 1899–1902.

Mountain (1068 m) on Spitsbergen, between Billefjorden and Ginevrabotnen. The Swedish-Russian astronomer Johan O. Backlund (1846–1916) was, among other duties, a member of the commission for the Swedish-Russian Arc-of-Meridian measurements 1899– 1902.

Balberget
7914

Fjell (614 m) på Spitsbergen, nær nordenden av halvøya mellom Woodfjorden og Wijdefjorden. Opphavet til dette navnet er uklart. Det kan være en oppkalling atter Balberget i Sverige, et av de østligste fjell i landet. Det er to gruver på det svenske Balberget (nå nedlagt).

Mountain (614 m) on Spitsbergen, near the northern part of the peninsula between Woodfjorden and Wijdefjorden. The origin of this name is unclear. It may be named after Balberget in Sweden, which is a mountain known as one of the most eastern parts of the Swedish mountains. There are two quarries (abandoned today) on the Swedish Balberget.

Balderfonna
7918

Bre på Spitsbergen, sørafor Lomfjorden, vestafor Hinlopenstretet. Balder er navn på en av gudene i norrøn mytologi, sønn av Odin og Frigg, og Nannas ektemann. Han skildres som den beste, klokeste og mest avholdte av alle gudene. Andre navn på Svalbard fra norrøn mytologi er Brageneset, Glitnefonna, Idunfjellet, Nivlheim, Ringhornet, Valhallfonna og Åsgardfonna.

Glacier area on Spitsbergen, south of Lomfjorden, west of Hinlopenstretet. In Norse mythology, Balder was the son of Odin and Frigg, and the husband of Nanna. He is described as the best, wisest, and most loved of all the gods. Other names on Svalbard drawn from Norse mythology are Brageneset, Glitnefonna, Idunfjellet, Nivlheim, Ringhornet, Valhallfonna and Åsgardfonna.

Bangenhuk
7915

Nes på Spitsbergen, på østsida av Wijdefjorden, sørafor Mosselbukta. Tillemping av et opprinnelig nederlandsk navn, Bangen Hoeck (1662), som betyr 'farlig nes (som skaper frykt)'.

Point on Spitsbergen, east of Wijdefjorden, south of Mosselbukta. An adaptation of an originally Dutch name, Bangen Hoeck (1662), which means 'dangerous headland (which causes fear)'.

Barentsburg
7814

Russisk gruvested på Spitsbergen (2004: 900 innbyggere), østsida av Grønfjorden. Nederlenderen Willem Barentsz (Barendszoon)(1550?–97) ledet flere arktiske ekspedisjoner i perioden 1594–97. Ved et tilfelle – på veg for å finne nordøstpassasjen til Øst-Asia – (gjen)oppdaget ekspedisjonen hans Bjørnøya og Spitsbergen i 1596. Navnet Barentsburg ble gitt av et nederlandsk gruveselskap som eide stedet 1920–32.

Russian mining community on Spitsbergen (2004: 900 inhabitants), on the eastern side of Grønfjorden. The Dutch navigator Willem Barentsz (Barendszoon) (1550?–97) was the leader of several Arctic expeditions during the period 1594–97. By chance, on his way to search for a north-east passage to eastern Asia, he (re)discovered the islands Bjørnøya and Spitsbergen in 1596. The name of the place was given by a Dutch mining company which was the owner 1920–32.

Barentsfjellet
7810

Fjell (639 m) nær nordenden av Prins Karls Forland. Oppkalt etter nederlenderen Willem Barentsz (se Barentsburg).

Mountain (639 m) near the northern point of Prins Karls Forland. Named after the Dutch navigator Willem Barentsz (see Barentsburg).

Barentshavet
7627

Havområde nordafor Norge og Russland, østafor ei linje mellom Norge og Svalbard. Oppkalt etter nederlenderen Willem Barentsz (se Barentsburg).

Ocean north of Norway and Russia, east of a line drawn between Norway and Svalbard. Named after the Dutch navigator Willem Barentsz (see Barentsburg).

Barentsjøkulen
7821

Breområde på Barentsøya. Oppkalt etter nederlenderen Willem Barentsz (se Barentsburg).

Glacier on Barentsøya, covering most of the island. Named after the Dutch navigator Willem Barentsz (see Barentsøya).

Barentsøya
7821

Øy østafor Spitsbergen, nordafor Edgeøya. Den fjerde største øya (1288 km²) i øygruppen Svalbard. Oppkalt etter nederlenderen Willem Barentsz (se Barentsburg). Barentsøya ble ikke ansett som ei øy før rundt midten av 1800-tallet, da norske selfangere fastslo dette.

Island east of Spitsbergen, north of Edgeøya. The fourth largest island (1288 km²) in the Svalbard archipelago. Named after the Dutch navigator Willem Barentsz (see Barentsburg). Barentsøya was not known to be an island till Norwegian sealing skippers made this clear around 1850.

Barkhamodden
7820

Nes på sørvestenden av Barentsøya. Mulig oppkalt etter en person (C[ape] Barkha 1625).

Long, narrow point on the southwestern coast on Barentsøya. Possibly named after a person (C[ape] Barkha 1625).

Bastianøyane

7921

Øygruppe sørøst for Wilhelmøya, ved sørenden av Hinlopenstretet. Øygruppen har navn etter Adolf Bastian (1826–1905), tysk utforsker og etnolog.

Group of small islands southeast of Wilhelmøya, at the southern entrance to Hinlopenstretet. The islands are named after Adolf Bastian (1826–1905), German explorer and ethnologist.

Beckerfjellet

7820

Fjell på Spitsbergen, innafor Wilhelmøya. Fjellet er oppkalt etter den tyske astronomen Ernst E.H. Becker (1843–1912), som var direktør for observatoriene i Gotha og Strasbourg.

Mountain on Spitsbergen, on the mainland south of Wilhelmøya. The mountain is named after the German astronomer Ernst E.H. Becker (1843–1912), who was also director of the observatories at Gotha and Strasbourg.

Beisaren

7625

Nes, nordenden av Hopen. Innholdet i navnet er noe uklart, men det kan henge sammen med verbet «beise», med innholdet 'løpe rundt, løpe hit og dit'. Navnet skal skrive seg fra tilnavnet på en fangstmann, Berner Jørgensen, som skal ha vært like hard og utilgjengelig som dette neset.

The northernmost point of Hopen. The content of this name is not clear. It may be connected with the Norwegian verb «beise», which means 'run about'. The name is said to be identical with the nickname of a certain Norwegian hunter, Berner Jørgensen, who is said to have been just as harsh and unaccessible as the headland itself.

Bellsund

7714

Fjord på vestsida av Spitsbergen. Tilpasset norsk form av det engelske navnet Bell sound, 'klokkefjorden', som er laget til (det klokkeformete) Klokkefjellet på sørsida av fjordmunningen.

Fjord on the western side of Spitsbergen. An adapted Norwegian version of the English name Bell Sound, which was created in relation to the bell-shaped mountain Klokkefjellet ('bell mountain') on the southern side of the fjord.

Bellsundbanken

7712

Havområde sørvest for Bellsund. Det grunne området er oppkalt etter fjorden Bellsund (se dette).

Bank outside Bellsund on Spitsbergen. The shallow area – Norw. banke – is named after the fjord Bellsund (see this).

Ben Nevis

7912

Fjell (918 m) på Spitsbergen, mellom Raudfjorden og Liefdefjorden. Fjellet er kalt opp etter fjellet Ben Nevis (1344 m) i Skottland, Storbritannias høyeste fjell.

Mountain (918 m) on Spitsbergen, between Raudfjorden and Liefdefjorden. The mountain is named after the mountain Ben Nevis (1344 m) in Scotland, the highest mountain in Great Britain.

Bergströmodden

8024

Nes på nordsida av Nordaustlandet, vestafor Albertinibukta. Per A. Bergström (1823–93) var svensk politiker og landshøvding.

Cape on the northern side of Nordaustlandet, west of Albertinibukta. Per A. Bergström (1823–93) was Swedish politician and county governor.

Berrflota

7822

Fjellslette på nordøstsida av Edgeøya. Navnet betyr 'den nakne (lille) flata', av (nynorsk) berr 'naken, bar', og (nynorsk) flote 'lita flate'.

Plain on the northeastern side of Edgeøya. The sense of the name is 'the small, naked plane', from the Neo-Norw. adjective berr 'naked', and noun flote 'small plane'.

Berzeliustinden
7715

Fjell (1205 m) på Spitsbergen, sørafor Van Keulenfjorden. Fjellet har navn etter Jöns J. Berzelius (1779–1848), fremstående svensk kjemiker.

Mountain (1205) on Spitsbergen, south of Van Keulenfjorden. The mountain was named after Jöns J. Berzelius (1779–1848), a prominent Swedish chemist.

Besselsbreen
7821

Bre på Barentsøya, vestafor Kapp Bessels. Breen er oppkalt etter Emil Bessels (1847–88), tysk vitenskapsmann og arktisk utforsker. Samme person møter vi i Kapp Bessels, navn på et nes på nordøstkysten av Barentsøya.

Glacier on Barentsøya, west of Kapp Bessels. The glacier is named after Emil Bessels (1847–88), German scientist and arctic explorer. The same person we encounter in the name Kapp Bessels, related to a point on the northeastern coast of Barentsøya.

Billefjorden
7816

Fjordarm på Spitsbergen, i den nordøstlige enden av Isfjorden. Fjorden har navn etter Cornelius C. Bille (Klaas Billen-B. 1865), nederlandsk hvalfanger omkring 1675.

Fjord branch on Spitsbergen, in the northeastern part of Isfjorden. The fjord is named after Cornelius C. Bille (Klaas Billen-B. 1865), Dutch whaler around 1675.

Biscayarhuken
7912

Nes på Spitsbergen, østafor innløpet til Raudfjorden. Neset (nederl. hoek 'nes, hjørne') har navn etter biskayiske (baskiske) hvalfangere som fangstet utenfor Spitsbergen på 1600- og 1700-tallet.

Headland on Spitsbergen, east of Raudfjorden. The headland (Dutch hoek 'headland, corner') is named after the Biscay (Basque) whalers who carried on whaling at Spitsbergen in the 17th and 18th centuries.

Bjørnsundet
7920

Sund mellom Spitsbergen og Wilhelmøya. Mulig av (is)bjørn.

Sound between Spitsbergen and Wilhelmøya. Possibly from Norw. (is)bjørn 'polar bear'.

Bjørnøya
7418

Øy sørøst for Spitsbergen, den sørligste av Svalbardøyene (178 km²). Øya ble oppdaget av Barentsz' ekspedisjon i 1596. Den fikk navnet Beyren Eylandt, 'bjørnøya', fordi en isbjørn ble drept der under ekspedisjonens besøk.

Stedsnavn på Bjørnøya er Kapp Dunér (nes, etter Nils Chr. Dunér (1839–1914), svensk astronom og fysiker), Miseryfjellet (fjell, 536 m), navngitt av den engelske hvalfangeren Jonas Poole (ca. 1605) som hadde hatt flere uhell (misery=elendighet) i området), Nordkapp (nes, det nordligste punktet på øya), Stappen (klippe, 186 m), fjellformasjon med bratte sider), og Tunheim (nedlagt gruvested, etter nordmannen Karl Tunheim (1884–?), arbeidsformann ved oppbyggingen av stedet i 1916).

The southernmost island of Svalbard (178 km²). The island was discovered by Barentsz's expedition in 1596, who gave the island its present name ('bear island') because a polar bear was killed there on that occasion.

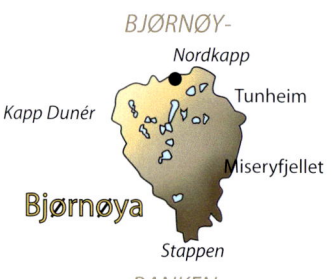

Place names on Bjørnøya are Kapp Dunér (cape, after Nils Chr. Dunér (1839–1914), Swedish astronomer and physicist), Miseryfjellet (mountain (536 m), named after the English whaler Jonas Poole (around 1605) because of various mishaps which he suffered in the area), Nordkapp (cape, the northernmost point on the island), Stappen (rock (186 m), with steep sides), and Tunheim (abandoned mining place, after the Norwegian Karl Tunheim (1884–?), foreman at the works in 1916).

Blankodden
7721

Nes på vestsida av Edgeøya, sørafor Kapp Lee. Navnet, som kan ha vist til neset Kapp Lee tidlig på 1600-tallet, skyldes muligens lys farge (C. Blanck 1625, Weis Cap 1786).

Point on the western side of Edgeøya, south of Kapp Lee. The name, which may have referred to Kapp Lee early in the 17th century, is probably explained by light colour (C. Blanck 1625, Weis Cap 1786).

Blåbukta
7823

Bukt på nordøstsida av Edgeøya. Navnet forklares trolig av blåfargen på breene sørvest for bukta. Et eldre navn er Blåfjorden, brukt av norske fangstmenn.

Bay on the northern side of Edgeøya. The name is probably derived from the blue colour (Norw. blå 'blue') of the glaciers southwest of the wide bay. An older name is Blåfjorden, used by Norwegian hunters.

Blåbuktflya
7823

Fjellslette på Edgeøya, vestafor Blåbukta. Det vide, nakne slettelandet (fly) har navn etter bukta (se Blåbukta).

Plain on Edgeøya, west of Blåbukta. The wide, barren plane (Norw. fly) is named after the bay (see Blåbukta).

Bohemanneset
7814

Nes i Isfjorden på Spitsbergen, på vestsida av innløpet til Nordfjorden. Neset er oppkalt etter Carl H. Boheman (1796–1868), svensk insektforsker, som behandlet materiale fra svenske Spitsbergen-ekspedisjoner. På Bohemanneset startet i 1899 den første kommersielle brytningen av kull på Svalbard.

Point in Isfjorden on Spitsbergen, west of Nordfjorden. The point is named after Carl H. Boheman (1796–1868), Swedish entomologist, who worked up material from the Swedish Spitsbergen expeditions. Coal mining on Svalbard for commercial purposes started at Bohemanneset in 1899.

Boltodden
7718

Nes på østsida av Spitsbergen, mellom Hambergbukta og Agardhbukta. Neset har navn etter Bolten ('(jern)naglen'), en fjelltopp lenger øst.

Point on the eastern side of Spitsbergen, between Hambergbukta and Agardhbukta. The point is named after Bolten (Norw. bolt '(iron) nail'), a mountain peak further east.

Borebreen
7813

Bre på Spitsbergen, nordafor Borebukta. Navnet inneholder trolig en tilpasning av det greske ordet boreas, med innholdet 'nordavind'.

Glacier on Spitsbergen, north of Borebukta. The name is probably derived from the Greek word boreas, meaning 'northern wind'.

Borebukta
7814

Bukt på nordsida av Isfjorden på Spitsbergen, foran Borebreen. Bukta har navn etter Borebreen (se dette).

Bay on Spitsbergen, in Isfjorden, in front of Borebreen. The bay has been named after Borebreen (se this).

Botniahalvøya
8019

Halvøy på Nordaustlandet, mellom Lady Franklinfjorden og Brennevinsfjorden. Halvøya har navn etter et svensk landskap (jf. Västerbotten og Norrbotten) vestafor Botniske bukt. Andre halvøyer på Nordaustlandet med svenske landskapsnavn er Gotiahalvøya (jf Götaland) og Scaniahalvøya (jf Skåne).

Peninsula on Nordaustlandet, between Lady Franklinfjorden and Brennevinsfjorden. The peninsula is named after a Swedish landscape (cf. Västerbotten and Norrbotten) west of Gulf of Bothnia. Other peninsulas at Svalbard named after Swedish landscapes are Gotiahalvøya (cf. Götaland) and Scaniahalvøya (cf. Skåne).

Braganzavågen
7716

Bukt på Spitsbergen, ved østenden av Van Mijenfjorden. Oppkalt etter Aldegonda, prinsesse av Braganza (Portugal). I følge kildene skal prinsessen, etter et besøk på Spitsbergen, ha fortalt om ei bukt nær enden av Van Mijenfjorden som skar seg dypt inn i landet i nordøstlig retning. Bukta fikk seinere navn etter henne. Samme kvinne har også gitt navn til Braganzatoppen. Aldegonda fulgte sin mann, prins Heinrich av Bourbon, på hans ekspedisjon til Spitsbergen i 1892.

Bay on Spitsbergen, near the eastern end of Van Mijenfjorden. Named after Aldegonda, born Princess of Braganza (Portugal). According to documents, the princess, during a visit to Spitsbergen spotted a little known bay at the end of Van Mijenfjorden. Her description led to the bay being named after her. The same woman is also reflected in the name Braganzatoppen (mountain). Aldegonda accompanied her husband, Prince Henry of Bourbon, on his expedition to Spitsbergen in 1892.

Brageneset
7918

Nes på Nordaustlandet, på nordsida av Wahlenbergfjorden. Brage er navn på en av gudene i norrøn mytologi, sønn av Odin, og gud for diktekunst og skaldskap. Brageneset er ett av mange navn på begge sider av Hinlopenstretet som er hentet fra mytologien. Andre navn er Balderfonna, Glitnefonna, Idunfjellet, Nivlheim, Ringhornet, Valhallfonna og Åsgardfonna.

Cape on Nordaustlandet, north of Wahlenbergfjorden. In Norse mythology, Brage was a son of Odin, and the god of poetry and music. Brageneset is one of many names on both sides of Hinlopenstretet which are drawn from Norse mythology. Other names are Balderfonna, Glitnefonna, Idunfjellet, Nivlheim, Ringhornet, Valhallfonna and Åsgardfonna.

Breibogen
7912

Brei bukt på Spitsbergen, mellom Raudfjorden og Woodfjorden. Navnet er en oversettelse av det engelske navnet Broad Bay (1614).

Bay on Spitsbergen, between Raudfjorden and Woodfjorden. The name is a translation of the English name Broad Bay (1614).

Breibukta
7828

Bukt på sørsida av Kongsøya. Et selvforklarende navn, knyttet til den breie bukta på sørsida av øya.

Bay on the southern side of Kongsøya. A self-explanatory name, referring to the broad bay (Norw. brei 'broad').

Brennevinsfjorden
8019

Fjord på nordvestsida av Nordaustlandet. Navnet forekommer på kart allerede i 1660 (nederlandsk: Brandewyns bay, 'brennevinsfjorden'), men opphavet er ukjent.

Fjord on the northwestern side of Nordaustlandet. The name appears on a map as early as 1660 (Dutch: Brandewyns bay, literally 'bay of spiritus, liquor'). The origin is unclear.

Brotneset
7717

Nes på Spitsbergen, på nordsida av Hambergbukta i Torell Land. Navnet inneholder ordet brot 'brenning'.

Point on Spitsbergen, north of Hambergbukta in Torell Land. The name contains the Norw. word brot 'surf'.

Brækmoholmane
7722

Øygruppe sørafor Edgeøya. Holmene har navn etter Sivert Johansen Brækmo (1853–1931), fisker, fangstmann og ishavsskipper fra Beitstad i Nord-Trøndelag.

Group of islets south of Edgeøya. The islets are named after Sivert Johansen Brækmo (1853–1931), fisherman, trapper and skipper from Beitstad in Nord-Trøndelag, Norway.

Brøggerhalvøya
7811

Halvøy på Spitsbergen, mellom Forlandssundet og Kongsfjorden. Etter Waldemar C. Brøgger (1851–1940), norsk vitenskapsmann og politiker som støttet norsk arktisk utforskning. Flere steder bærer hans navn: Brøggerbreane, -dalen og -fjellet.

Peninsula on Spitsbergen, between Forlandssundet and Kongsfjorden. After Waldemar C. Brøgger (1851–1940), a Norwegian geologist and politician who promoted Norwegian Arctic exploration. Several places carry his name: Brøggerbreane (two glaciers), -dalen (valley) and -fjellet (mountain).

Brånevatnet
7922

Innsjø på Nordaustlandet, nær botnen av Wahlenbergfjorden. Navnet inneholder ordet bråne 'smelte'.

Lake on Nordaustlandet, near the head of Wahlenbergfjorden. The name contains the Norw. word bråne 'melt'.

Bråsvellbreen
7923

Breområde på Nordaustlandet, i sørenden av Austfonna. Navnet Bråsvellbreen ('snarvekstbreen') forklares av at breen skred raskt fram og langt ut i havet på sørsida av Nordaustlandet rundt 1938.

Bråsvellbreen. © Thor Bjørn Arlov

Glacier on Nordaustlandet, in the southern part of Austfonna. The name Bråsvellbreen ('sudden swell glacier') is explained by a sudden advance of the glacier far out into the sea on the southern side of Nordaustlandet around 1938.

Burmeisterfjellet
7721
Fjell (483 m) på vestsida av Edgeøya. Etter Carl H.C. Burmeister (1807–92), tysk-argentinsk vitenskapsmann og utforsker.

Mountain (483 m) on the western side of Edgeøya. After Carl H.C. Burmeister (1807–92), German-Argentinian scientist and explorer.

Bünsow Land
7816

Landområde på Spitsbergen, mellom Tempelfjorden og Billefjorden. Den svenske forretningsmannen Friedrich C.E. Bünsow (1824–97) støttet flere arktiske ekspedisjoner i 1890-årene.

Peninsula on Spitsbergen, between Tempelfjorden and Billefjorden. The Swedish business man Friedrich C.H. Bünsow (1824–97) contributed to several Arctic expeditions.

Bölscheøya
7722

Øy sørafor Edgeøya. Navngitt 1868 etter Karl Bölsche, tysk redaktør.

Island south of Edgeøya. Named 1868 after Karl Bölsche, German editor.

C

Caltexfjellet
7721
Fjell (499 m) på Edgeøya, østafor Diskobukta. Det amerikanske oljeselskapet Caltex drev undersøkelser på Edgeøya.

Mountain (499 m) on Edgeøya, east of Diskobukta. The American oil company Caltex carried out investigations on Edgeøya.

Castrénøyane
8020
To små øyer nordafor Nordaustlandet, øst for Nordkapp. Øyene har navn etter Matthias Alexander Castrén (1813–53), finsk språkforsker og oppdagelsesreisende.

Two small islands north of Nordaustlandet, east of Nordkapp. The islands are named after Matthias Alexander Castrén (1813–53), Finnish linguist and traveller.

Celsiusberget
8018
Fjell (351 m) på Nordaustlandet, østafor Murchisonfjorden. Oppkalt etter den svenske astronomen Anders Celsius (1701–44), oppfinneren av Celsius-termometeret.

Mountain (351 m) on Nordaustlandet, east of Murchisonfjorden. Named after the Swedish astronomer Anders Celsius (1701–44), inventor of the centigrade thermometer.

Chydeniusbreen
7918
Bre på Spitsbergen, vestafor Vaigattbogen. Breen har navn etter den finske fysikeren og astronomen Jakob K.E. Chydenius (1833–64) (se også Chydeniusfjella).

Glacier on Spitsbergen, west of Vaigattbogen. The glacier is named after the Finnish physicist and astronomer Jakob K.E. Chydenius (1833–64) (see also Chydeniusfjella).

Chydeniusfjella
7918

Fjellområde på Spitsbergen, mellom botnen av Wijdefjorden og Hinlopenstretet. Fjellområdet, med flere høge topper, har navn etter den finske fysikeren og astronomen Jakob K.E. Chydenius (1833–64). De viktigste fjellene i området er oppkalt etter berømte astronomer og matematikere (Poincaré, Jacobi, Legendre, Laplace, Maclaurin, Clairaut og Newton).

Mountains on Spitsbergen, between Wijdefjorden and Hinlopenstretet. The group of high mountains is named after the Finnish physicist and astronomer Jakob K.E. Chydenius (1833–64). The most principal peaks in the area are named after famous astronomers and matematicians (Poincaré, Jacobi, Legendre, Laplace, Maclaurin, Clairaut and Newton).

Colesbukta
7814

Bukt på sørsida av Isfjorden på Spitsbergen, mellom Grønfjorden og Adventfjorden. Navneleddet Coles- synes å ha vært i bruk på 1600-tallet (Coles Park 1630), men navnets opphav er usikkert.

Bay on Spitsbergen, on the southern side of Isfjorden, between Grønfjorden and Adventfjorden. The element Coles- was apparently known as early as in the 17th century (Coles Park 1630), but the origin is not clear.

Damflya
8024

Område på Nordaustlandet, østafor Duvefjorden. Et beskrivende navn for et flatt område med små tjern eller vanndammer.

Plain on Nordaustlandet, east of Duvefjorden. A descriptive name of a flat area (Norw. fly) containing small lakes or pools (Norw. dam).

Danskøya
7910

Øy ved nordvestenden av Spitsbergen, vestafor Smeerenburgfjorden. Øya har navn etter danske hvalfangere som hadde base her på 1600-tallet.

Island off the northwestern coast of Spitsbergen. The island is named after Danish whalers who were based in this area in the 17th century.

Daudmannsodden
7813

Nes på Spitsbergen, mellom Forlandsundet og munningen av Isfjorden. En norsk fangstmann ble funnet død på Daudmannsøyra nordafor odden.

Cape on Spitsbergen, between Forlandsundet and Isfjorden. The body of a Norwegian hunter was once found on Daudmannsøyra ('dead man's plain') north of the point (Norw. odde).

Dawespynten
7811

Nes på østsida av Prins Karls Forland, ved Forlandsundet. Etter Karl F. Griffin Dawes (1861–1941), norsk sjøoffiser, forsvarsminister i regjeringen Løvland (1907–08).

Point on the eastern shore of Prince Karls Forland. Named after Karl F. Griffin Dawes (1861–1941), Norwegian naval officer, Minister of Defense (1907–08).

Dei sju isfjella
7910

Bre- og fjellområde på Spitsbergen, langs vestsida av Albert I Land. Et kollektivnavn, som viser til sju breer som går ut i havet langs vestkysten av Albert I Land. De individuelle navnene er Fyrstebreen, Andrebreen, Tredjebreen, Fjerdebreen, Femtebreen, Sjettebreen og Sjubreen. Franskmannen Xavier Marmier skildret disse breene og fjellene ved dem i 1840 (Marmier 143): «Neste dag hadde vi sju isfjell rett framfor oss på rekke og rad langs kysten, akkurat som eit perlekjede. På lang avstand kan ein ikkje sjå dei bratte veggane på desse isfjella. Ein ser berre eit voldsomt platå... Frå dette snøkvite platået reiser det seg sju spisse fjell med svarte sider og sundrivne kantar.»

Mountain area with seven glaciers on Spitsbergen, debouching into the sea on the western side of Albert I Land. A collective name (The seven icebergs); their individual names are Fyrstebreen (First glacier), Andrebreen (Second g.), Tredjebreen (Third g.), Fjerdebreen (Fourth g.), Femtebreen (Fifth g.), Sjettebreen (Sixth g.) and Sjubreen (Seventh g.). The Frenchman Xavier Marmier described these glaciers with their mountains in 1840 (Marmier 143, in translation): «The next day, we had seven ice mountains straight in front of us, on a row along the coast, just like a string of pearls. From a distance, one cannot see the steep sides of these ice mountains. One only sees a vast plateau... From this snow-white plateau seven sharp mountains rise, with black sides and torn edges.»

Deltabreen
7723

Bre på Edgeøya, arm av Edgeøyjøkulen, østafor Tjuvfjordlaguna. Navnet kan forklares av deltaet (elveområdet) mellom breen og Tjuvfjordlaguna.

Glacier on Edgeøya, branch of Edgeøyjøkulen, east of Tjuvfjorden. The name is referring to a delta between the glacier and Tjuvfjordlaguna.

Dickson Land
7815

Landområde på Spitsbergen, mellom Dicksonfjorden og Billefjorden. Se Dicksonfjorden.

Area on Spitsbergen, between Dicksonfjorden and Billefjorden. See Dicksonfjorden.

Dicksonfjorden
7815

Fjordarm på Spitsbergen, nordøstlig grein av Isfjorden. Etter Oscar Dickson (1823–97), svensk forretningsmann og beskytter av forskning, støttet en rekke arktiske ekspedisjoner i siste halvdel av 1800-tallet. Flere steder er oppkalt etter ham: Dicksondalen, -elva og -odden, i tillegg til Dickson Land.

Fjord on Spitsbergen, a northeastern branch of Isfjorden. After Oscar Dickson (1823–97), Swedish businessman and supporter of several Swedish Arctic expeditions in the last part of the 19th century. Several places are named after him: Dicksondalen (valley), -elva (river) and -odden (point), in addition to Dickson Land.

Digerfonna
7721

Bre på Edgeøya, nordvest for Tjuvfjorden. Et beskrivende navn på et større isdekt område.

Glacier on Edgeøya, northwest of Tjuvfjorden. A descriptive name of a glaciated area ('the (very) big glacier').

Diskobukta
7721

Bukt på vestsida av Edgeøya. Trolig en tilpasning til nederlandsk Dusko (1663), som igjen kan være en forvrenging av det engelske navnet Duckes Cove. Duckes Cove kan være et oppkallingsnavn, etter en engelsk hvalfanger, Thomas Marmaduke (kalt Duke), som etablerte en landstasjon for hvalfangst her rundt 1620. Navnet forekommer også på Grønland (Disco Bay).

Bay on the western coast of Edgeøya. Probably an adaptation to the Dutch name Dusko (1663), which can again be a corruption of the English name Duckes Cove. And Duckes Cove can be named after an English whaler, Thomas Marmaduke (called Duke), who established a whaling station here around 1620. The name is also found in Greenland (Disco Bay).

Doktorbreen
7716

Bre på Spitsbergen, østafor botnen av Van Keulenfjorden. Etter tre norske medisinerstudenter (O.J. Broch, E. Fjeld, A. Høygaard) som krysset breen i 1928.

Glacier on Spitsbergen, east of Van Keulenfjorden. After three Norwegian medical students (O.J. Broch, E. Fjeld and A. Høygaard) who traversed the glacier in 1928.

Dovrefjell
7913

Fjellparti (opp til 1454 m) på Spitsbergen, sørvest for Woodfjorden. Oppkalt etter fjellområdet i Norge.

Group of mountains (up to 1454 m) on Spitsbergen, southwest of Woodfjorden. Named after a well-known mountain area in Norway.

Dunderbukta
7714

Bukt på Spitsbergen, sørafor Bellsund. Skal være oppkalt etter en person ved navn Dunder, som var skipskokk under en Spitsbergen-ekspedisjon 1872–73 (Place Names 1991:117). Qvigstad (1927:11) viser imidlertid til at en Ole Dunder fra Hammerfest, skipper i 1847 på skonnerten Polka, skal ha blitt drept der av en av mannskapet.

Bay on Spitsbergen, south of Bellsund. Said to be named after a certain Dunder, cook on board one of the vessels of an expedition to Spitsbergen 1872–73 (Place Names 1991:117). Qvigstad (1927:11), on the other hand, refers the name to a certain Ole Dunder from Hammerfest, Norway, captain 1847 on the schooner Polka, who shall have been killed there by one of his crew.

Dunderdalen
7714

Dal på Spitsbergen, innafor Dunderbukta (se dette).

Valley on Spitsbergen, leading southwestwards from Dunderbukta (see this).

Dunérbukta
7818

Bukt på Spitsbergen, på vestsida av Storfjorden, nordafor Agardhfjellet. Navngitt etter den svenske astronomen og fysikeren Nils C. Dunér (1839–1914), medlem av Svalbard-ekspedisjoner. Dunér la de første planene for de svensk-russiske gradmålingene på Spitsbergen i 1899–1902. Flere andre steder er oppkalt etter ham: Dunérbreen, -fjellet og -varden, dessuten Kapp Dunér.

Bay on Spitsbergen, on the western side of Storfjorden. Named after the Swedish astronomer and physicist Nils C. Dunér (1839–1914), member of expeditions to Svalbard. Dunér made the first plans for the Swedish-Russian Arc-of-Meridian measurements on Spitsbergen 1899–1902. Several other places have been named after him: Dunérbreen, -fjellet and -varden, in addition to Kapp Dunér.

Dunøyane
7714

Øygruppe vestafor Jarlsberg Land på Spitsbergen. Dunøyane (av (fugle)dun) er et fuglereservat, og et viktig hekkeområde for hvitkinngås, ærfugl og rødnebbterne.

Group of islands off Spitsbergen, west of Jarlsberg Land. Dunøyane ('the down islands') is a bird sanctuary, and an important breeding site for barnacle goose, eider, and arctic tern.

Duvefjorden
8023

Fjord på nordsida av Nordaustlandet, mellom Platenhalvøya og Glenhalvøya. Navnet er en tilpassing av det nederlandske navnet Duyve Bay (1710), 'duebukta'. Fjorden kan være oppkalt etter et skip.

Fjord on the northern side of Nordaustlandet, between Platenhalvøya and Glenhalvøya. The name is an adaptation of the Dutch name Duyve Bay (1710), 'dove bay'. The fjord may be named after a ship.

Dyrdalen
7722

Dal på Edgeøya, innafor Tjuvfjorden. Trolig en oversettelse og tilpasning av det engelske navnet Reindeer Valley (1935), 'reinsdyrdalen'.

Valley on Edgeøya, leading from Tjuvfjorden. Probably a translation and adaptation of the English name Reindeer Valley (1935).

Dyrheiane
7722

Heiområde på Edgeøya, nordvest for Dyrdalen (se dette).

Mountain area on Edgeøya, northwest of Dyrdalen (see this).

Dyrkongen
7723

Fjell østafor Dyrdalen på Edgeøya, innafor Tjuvfjorden. Fjellnavnet er trolig relatert til Dyrdalen. -kongen forekommer stundom som betegnelse på markerte fjell.

Mountain on Edgeøya, east of Dyrdalen. The name of the mountain is probably related to the valley Dyrdalen. Norw. -kongen ('the king') is sometimes used as a designation of a noticable mountain.

Edgeøya
7722

Øy østafor Spitsbergen, den tredje største av Svalbard-øyene (vel 5000 km^2). Thomas Edge (?–1624) var engelsk kjøpmann og hvalfanger. Han så øya i 1616, men den kan ha vært oppdaget av nederlendere før dette.

Island east of Spitsbergen, the third largest island in the Svalbard archipelago (roughly 5000 km^2). Thomas Edge (?–1624) was an English merchant and whaler. He noticed the island in 1616, but it may have been found by Dutchmen before this.

Edgeøyjøkulen
7723

Breområde, dekker østsida av Edgeøya (se dette). Jøkul er det gamle norrøne ordet for isbre.

Glaciated area on the eastern side of Edgeøya (see this). Jøkul is the ancient Norse word for glacier.

Edlundfjellet
7819

Fjell (440 m) på Spitsbergen, vestafor Ginevrabotnen. Fjellet er oppkalt etter den svenske fysikeren og meteorologen Erik Edlund (1819–80).

Mountain (440 m) on Spitsbergen, west of Ginevrabotnen. The mountain is named after the Swedish physicist and meteorologist Erik Edlund (1819–80).

Eidembreen
7813

Bre på Spitsbergen, mellom Isfjorden og St. Jonsfjorden. Etter Ole T. Eidem (1865–1911), norsk marineoffiser og politiker, leder av Stortingets forsvarskomité som støttet Svalbard-ekspedisjoner.

Glacier on Spitsbergen, between Isfjorden and St.Jonsfjorden. After Ole T. Eidem (1865–1911), Norwegian naval officer and politician, chairman of the defence committee of the Storting, which supported Spitsbergen expeditions.

Einhyrningbukta
7822

Bukt ved nordenden av Barentsøya, ved innløpet til Heleysundet mellom Spitsbergen og Barentsøya. Navnet skyldes trolig det nederlandske skipet Eenhorn ('Enhjørningen') som besøkte bukta på 1600-tallet, som første skip. I nederlandsk brukes betegnelsen «eenhorn» for narhval (Monodon monoceros).

Bay on Barentsøya, near the eastern entrance to Heleysundet. The name is possibly caused by the Dutch ship Eenhorn (Unicorn), which first visited the bay, in the 17th century. In Dutch, the word «eenhorn» refers to narwhal (Monodon monoceros).

Ekmanfjorden
7814

Fjordarm på Spitsbergen, nordvestlig grein av Nordfjorden i Isfjorden. Den svenske forretningsmannen Johan O. Ekman (1812–1907) var en beskytter av kunst og vitenskap.

Fjord on Spitsbergen, branch of Nordfjorden in Isfjorden. The Swedish businessman Johan O. Ekman (1812–1907) was a patron of art and science.

Engelskbukta
7811

Bukt på Spitsbergen, på østsida av Forlandsundet. Trolig ankerplass for engelske skip eller tilholdssted for engelske hvalfangere. Det eldste registrerte navnet på bukta er Coue Comfortless (1613), kanskje 'den utrygge bukta'.

Bay on Spitsbergen, on the eastern side of Forlandsundet. Probably anchorage for English ships or base for English whalers. The oldest registered name of the bay is Coue Comfortless (1613), maybe 'the unsafe bay'.

Erik Eriksenstretet
7927

Havområde mellom Nordaustlandet og Kong Karls land. Oppkalt etter den norske selfangstskipperen Erik Eriksen (1820–88?), som skal ha vært den første som så Kong Karls land (1853), og den første som gikk i land på øyene (1859).

Strait between Nordaustlandet and Kong Karls Land. Named after the Norwegian sealer and skipper Erik Eriksen (1820–88?), who is said to have been the first man to see the group of islands named Kong Karls land (1853), and the first to visit the islands (1859).

Etonbreen
7922

Bre på Nordaustlandet, østafor Wahlenbergfjorden. Etter det engelske universitetet Eton, der mange medlemmer av Oxford-ekspedisjonene (1921–24) var utdannet.

Glacier on Nordaustlandet, east of Wahlenbergfjorden. Named after the British Public School Eton College, where many members of the Oxford Expeditions (1921–24) were educated.

Fagerstafjella
7716

Fjellområde (opp til 1217 m) på Spitsbergen, sørafor Van Mijenfjorden. Fjellområdet har fått navn etter stedet Fagersta i Västmanland i Sverige. Alfred Nathorsts Spitsbergen-ekspedisjon i 1898 mottok betydelig støtte fra jernverkene i Fagersta.

Group of mountains (up to 1217 m) on Spitsbergen, south of Van Mijenfjorden. The mountains are named after the small town of Fagersta in Västmanland, Sweden. Alfred Nathorsts Spitsbergen expedition 1898 received substantial donations from the iron-works at Fagersta.

Femmilsjøen
7915

Innsjø på Spitsbergen, på østsida av Wijdefjorden. Ifølge Norsk Polarinstitutt (Place Names:122f) er navnet et rent forklarende navn for oppmålingsformål, og beskriver ikke sjøens lengde.

Lake on Spitsbergen, on the eastern side of Wijdefjorden. According to Norsk Polarinstitutt (Place Names:122f), the «name is a purely explanatory name for survey purposes». It does not describe the length of the lake ('five mile lake').

Fimbulisen
7817

Bre på Spitsbergen, nordafor Sassendalen. Fimbul- er en forkortelse for ordet fimbulvinter, som i det norrøne språket hadde betydningen 'lang, hard vinter'. Fimbulisen er også et stedsnavn i Dronning Maud Land i Antarktis.

Glaciated area on Spitsbergen, north of Sassendalen. Fimbul- is an abbreviation of the Old Norse word fimbulvinter, meaning 'long, hard winter.' Fimbulisen is also a placename in Dronning Maud Land ('Queen Maud Land') in Antarctic.

Flysjøen
7922

Innsjø på Nordaustlandet, østafor Wahlenbergfjorden. Innsjøen ligger på Helvetesflya. Navnet er dannet til ordet fly 'flat vidde'.

Lake on Nordaustlandet, east of Wahlenbergfjorden. The lake is named after Helvetesflya (Norw. helvete 'hell', and fly '(big) barren plain').

Forlandsbanken
7810

Grunt havområde vestafor øya Prins Karls Forland. Navngitt etter øya (se Prins Karls Forland).

Submarine plateau west of the island Prins Karls Forland. Named after the island (see Prins Karls Forland).

Forlandsundet
7811

Sund mellom Spitsbergen og øya Prins Karls Forland. Navngitt etter øya (se Prins Karls Forland).

Sound between Spitsbergen and the island Prins Karls Forland. Named after the island (see Prins Karls Forland).

Forlandsøyane
7811

Tre små øyer (Nordøya, Midtøya og Sørøya) vestafor Prins Karls Forland. Øygruppen er navngitt etter øya Prins Karls Forland (se dette).

Three small islands (Nordøya, Midtøya and Sørøya) west of Prins Karls Forland. The group of islands is named after the island Prins Karls Forland (see this).

Fosterneset
7917

Nes på Spitsbergen, mellom Sorgfjorden og Hinlopenstretet. Etter Henry Foster (1796–1829), engelsk marineoffiser, deltaker i flere arktiske ekspedisjoner.

Point on Spitsbergen, between Sorgfjorden and Hinlopenstretet. After Henry Foster (1796–1829), English naval officer, member of several Arctic expeditions.

Foynøya
8026

Øy nordafor Nordaustlandet. Etter Svend Foyn (1809–1894), norsk sel- og hvalfangstpioner. Foyn videreutviklet og tok patent på en granatharpun, som betydde mye for utviklingen av moderne hvalfangst.

Island off the northern coast of Nordaustlandet. After Svend Foyn (1809–1894), Norwegian pioneer of sealing and whaling. Foyn furthered the development of and patented a harpoon tipped with an explosive grenade, which meant a lot to the development of modern whaling.

Franklinbreane
8019

Breområde (Nordre og Søre Franklinbreen) på Nordaustlandet, ved enden av Lady Franklinfjorden. Etter John Franklin (1786–1847), britisk sjøoffiser og arktisk utforsker. Hans dramatiske livshistorie, blant annet som utforsker av arktiske farvann, har inspirert flere lyrikere og romanforfattere (blant dem Charles Dickens og Jules Verne).

Two glaciers on Nordaustlandet (Nordre and Søre Franklinbreen), debouching at the head of Lady Franklinfjorden. After John Franklin (1786–1847), British naval officer and Arctic explorer. His dramatic story, e.g. as an explorer, has inspired numerous poets and novelists (Charles Dickens and Jules Verne among them).

Franklinsundet
8018

Sund ved Nordaustlandet, mellom Storsteinhalvøya og Lågøya. Sundet fører inn til Lady Franklinfjorden (se dette).

Sound on Nordaustlandet, between Storsteinhalvøya and Lågøya. The sound leads to Lady Franklinfjorden (see this).

Franzøya
7921

Øy i sørenden av Hinlopenstretet, mellom Spitsbergen og Nordaustlandet. Øya er oppkalt etter Friedrich Franz (1823–83), storhertug av Mecklenburg-Schwerin (storhertugdømme i Tyskland 1815–1918).

Island in the southern part of Hinlopenstretet, between Spitsbergen and Nordaustlandet. The island is named after Friedrich Franz (1823–83), Grand Duke of Mecklenburg-Schwerin (Grand Duchy in Germany 1815–1918).

Fred Olsenfjellet
7913

Fjell (1312 m) på Spitsbergen, vestafor Woodfjorden. Den norske skipsrederen Thomas Fredrik Olsen (1857–1933) støttet flere Svalbard-ekspedisjoner.

Mountain (1312 m) on Spitsbergen, west of Woodfjorden. The Norwegian shipowner Thomas Fredrik Olsen (1857–1933) contributed to several Spitsbergen expeditions.

Freemansundet
7821

Sund mellom Barentsøya og Edgeøya, mellom Storfjorden og Olgastretet. Sundet er oppkalt etter Alderman R. Freeman fra London, en av lederne for Muscovy Company, som besøkte Svalbard i 1619. Muscovy Company, eller Russia Company, var det første større engelske handelskompani. Det ble grunnlagt i 1553 med formål å finne og utnytte en mulig nordøstpassasje til Asia. Kompaniet ble oppløst i 1917.

Sound between Barentsøya and Edgeøya, between Storfjorden and Olgastretet. The sound has been named after Alderman R. Freeman of London, one of the leaders of the Muscovy company, who visited Spitsbergen in 1619. The Muscovy Company, or Russia Company, was the first major English joint-stock trading company. It began in 1553 as a group supporting exploration of a possible northeast passage to Asia. The company was dissolved 1917.

Fuglehuken

7810

Nes, nordspissen av Prins Karls Forland. Neset fikk navn allerede under Barentsz' reise i 1596 (Vogel Hoeck 1598). Navnet skyldes mengden av sjøfugl i fuglefjellet bak neset.

The northernmost point on Prins Karls Forland. The point was named on Barentsz's voyage in 1596 (Vogel Hoeck 1598), because of the amount of birds around the cliffs on the point.

Fuglehuken fyr

7810

Fyr på nordspissen av Prins Karls Forland. Se Fuglehuken. Lysfyret betjener innseilingen til Ny-Ålesund.

Light on the northern point of Kong Karls Forland, on the point Fuglehuken (see this). The light serves the entrance to Ny-Ålesund.

Fuglesongen

7911

Øy ved nordvestenden av Spitsbergen. En oversettelse av det nederlandske navnet «de Vogelsang» (1635), som øya fikk på grunn av lyden fra sjøfugler.

Island off the northwestern coast of Spitsbergen. The name is a translation ('bird song') of the Dutch name «de Vogelsang» (1635), which may be explained from the sound (noise) of seabirds.

Ginevrabotnen

7820

Nordenden av Storfjorden, mellom Spitsbergen og Barentsøya. Etter yachten Ginevra, eid av den skotske utforskeren James Lamont (1828–1913), som besøkte Spitsbergen med denne i 1858 og 1859.

Upper part of Storfjorden, between Spitsbergen and Barentsøya. This part of the fjord was named after the yacht Ginevra, whose owner, the Scottish explorer James Lamont (1828–1913), visited Svalbard in 1858 and 1859 on board this ship.

Giæverneset

7921

Nes på sørvestsida av Nordaustlandet. Neset er oppkalt etter den norske forretningsmannen og rederen John Aasberg Giæver (1842–97), fra Tromsø.

Cape on the southwestern side of Nordaustlandet. The point was named after the Norwegian businessman and shipowner John Aasberg Giæver (1842–97) from Tromsø.

Glenhalvøya

8024

Halvøy på nordsida av Nordaustlandet, østafor Duvefjorden. Halvøya bærer navnet til skotten Alexander R. Glen (1912–2004), leder for flere britiske ekspedisjoner til Svalbard 1932–36.

Peninsula on Nordvestlandet, east of Duvefjorden. The area bears the name of the Scotsman Alexander R. Glen (1912–2004), leader of several British expeditions to Svalbard 1932–36.

Glitnefonna

7920

Bre på Nordaustlandet, på Scaniahalvøya. Glitne var en av gudenes boliger i norrøn mytologi, med vegger av gull og tak av sølv. Andre navn på Svalbard med opphav i norrøn mytologi er Balderfonna, Brageneset, Idunfjellet, Nivlheim, Ringhornet, Valhallfonna og Åsgardfonna.

Ice-cap on Scaniahalvøya on Nordaustlandet. Glitne was one of the dwellings of the gods in Norse mythology, with walls made from gold, and a roof made from silver. Other names on Svalbard related to Norse mythology are Balderfonna, Brageneset, Idunfjellet, Nivlheim, Ringhornet, Valhallfonna and Åsgardfonna.

Gotiahalvøya

7918

Halvøy på Nordaustlandet, mellom Murchisonfjorden og Wahlenbergfjorden. Halvøya har navn etter det svenske landskapet Götaland (Gotia). Andre halvøyer på Nordaustlandet med svenske landskapsnavn er Bothniahalvøya (jf Västerbotten) og Scaniahalvøya (jf Skåne).

Peninsula on Nordaustlandet, between Murchisonfjorden and Wahlenbergfjorden. The area is named after the Swedish landscape Götaland (Gotia). Other peninsulas at Svalbard named after Swedish landscapes are Bothniahalvøya (cf. Västerbotten) and Scaniahalvøya (cf. Skåne).

Grampianfjella

7811

Fjellrekke (opp til 1084 m) langs den nordlige halvdelen av Prins Karls Forland. Området er oppkalt etter fjellområdet Grampian Mountains i det skotske høylandet. Høyeste topp i Grampian Mountains er Ben Nevis (1343 m), Storbritannias høyeste fjell. Ben Nevis forekommer også som fjellnavn på Svalbard (se dette).

Mountain ridge (up to 1084 m) along the northern part of Prins Karls Forland. The ridge is named after Grampian Mountains in Scotland. In Grampian Mountains is found Ben Nevis (1343 m), highest mountain in Great Britain. Ben Nevis is also the name of a mountain on Svalbard (see this).

Grimfjellet

7716

Fjell (719 m) på Spitsbergen, nordvest for Hambergbukta. Usikkert opphav. Mulig etter adj. grim 'stygg; hard; mørk'. Grim- forekommer i mange norske stedsnavn, uten at betydningsinnholdet er fastlagt.

Mountain (719 m) on Spitsbergen, northwest of Hambergbukta. Origin unclear. Possibly a connection with the Norw. adjective grim, meaning 'ugly; hard; dark.' Grim- occurs in several Norwegian place names, but the meaning is not quite settled.

Grimheia

7820

Fjellområde på nordvestenden av Barentsøya. Usikkert opphav. Se Grimfjellet.

Mountainous area in the northwestern part of Barentsøya. Origin unclear. See Grimfjellet.

Grumantbyen

7815

Russisk gruvested (nedlagt) på Spitsbergen, mellom Colesbukta og Adventfjorden. Grumant er et gammelt russisk navn på Svalbard, trolig en misforstått form av navnet Grønland (jf. en gammel oppfatning om at Svalbard var en del av Grønland).

Russian mining settlement (abandoned) on Spitsbergen, between Colesbukta and Adventfjorden. Grumant is a Russian name for Spitsbergen, probably a mistaken rendering of Greenland (cf. the old belief that Svalbard was actually a part of Greenland).

Grønfjorden

7814

Fjordarm på Spitsbergen, sørsida av Isfjorden. En variant av navnet oppstod allerede på 1600-tallet (Green-haven 1610). Qvigstad (1927:17) viser til en rapport fra en svensk ekspedisjon til Spitsbergen i 1861 (Chydenius 1865), der det hevdes at det i Grønfjorden skal være «en vegetation som i frodighet og avveksling langt overgaar den ellers under vanlige forhold forekommende».

Grumantbyen. © Gerd-Elin Aune

Branch of Isfjorden, on Spitsbergen. A form of the name was registered early in the 17th century (Green-haven 1610). Qvigstad (1927:17) refers to a report from a Swedish expedition to Spitsbergen 1861 (Chydenius 1865), describing the vegetation in the area as both luxuriant and changing.

Gråhuken
7914

Nes på Spitsbergen, på nordenden av halvøya mellom Woodfjorden og Wijdefjorden. Navnet skyldes grå skifer og sandstein fra devontiden i området. Det opprinnelig nederlandske leddet hoec (Grauwen hoec 1650) viser til neset.

Headland on Spitsbergen, between Woodfjorden and Wijdefjorden. After the grey shales and sandstones from the Devonian age in the area. The original Dutch element hoec (Grauwen hoec 1650) also refers to the headland.

Gråkammen

7915

Fjell (995 m) på Spitsbergen, mellom Vestfjorden og Austfjorden, i indre del av Woodfjorden. Navnet kan forklares av en grå bergart.

Mountain (995 m) on Spitsbergen, between Vestfjorden and Austfjorden. The name may be explained by grey stone.

Gustaf Adolf Land

7920

Område på Nordaustlandet, mellom Wahlenbergfjorden og sørenden av øya. Området er navngitt etter Gustaf Adolf (1882–1973), kronprins av Sverige (seinere kong Gustaf VI Adolf 1950–73). Kronprinsen var ordfører for den svenske komitéen for den svensk-russiske gradmålingsekspedisjonen til Svalbard 1899–1902. Et område nordafor Wahlenbergfjorden er oppkalt etter Gustaf Adolfs far, kong Gustaf V.

Area on Nordaustlandet, between Wahlenbergfjorden and the southern part of the island. The area is named after Gustaf Adolf (1882–1973), Crown Prince of Sweden (later King Gustaf VI Adolf 1950–73). The Crown Prince was chairman of the Swedish committee of the Swedish-Russian Arc-of-Meridian Expedition to Svalbard 1899–1902. An area north of Wahlenbergfjorden is named after the father of Gustaf Adolf, King Gustaf V.

Gustaf V Land

7918

Landområde på vestsida av Nordaustlandet, nordafor Wahlenbergfjorden. Etter Gustaf V (1858–1950), konge av Sverige 1907–50. Et område på sørsida av Wahlenbergfjorden er kalt opp etter kongens sønn, Gustaf Adolf (seinere kong Gustaf VI Adolf).

Area on Nordaustlandet, north of Wahlenbergfjorden. Named after Gustaf V (1858–1950), King of Sweden 1907–50. An area south of Wahlenbergfjorden is named after the son of the King, Gustaf Adolf (later King Gustaf VI Adolf).

Gustavfjellet
7716

Fjell (1235 m) på Spitsbergen, vestafor Braganzavågen. Den svenske vitenskapsmannen Gustaf E.A. Nordenskiöld (1868–95) ledet en Svalbard-ekspedisjon i 1890.

Mountain (1235 m) on Spitsbergen, west of Braganzavågen. The Swedish scientist Gustaf E.A. Nordenskiöld (1868–95) led an expedition to Svalbard 1890.

Gyldénfjellet
7816

Fjell (1128 m) på Spitsbergen, mellom Dicksonfjorden og Austfjorden. Den svenske marineoffiseren Hans O.F. Gyldén (1867–?) deltok i arktiske ekspedisjoner, bl.a. som skipsfører. Gyldénøyane i munningen av Wahlenbergfjorden er også oppkalt etter ham.

Mountain (1128 m) on Spitsbergen, between Dicksonfjorden and Austfjorden. The Swedish naval officer Hans O.F. Gyldén (1867–?) was a member of Arctic expeditions, also as a captain. The islands Gyldénøyane in Wahlenbergfjorden are also named after him.

Gyldénøyane
7919

To øyer i innløpet til Wahlenbergfjorden på Nordaustlandet. Etter Hans O.F. Gyldén (1867–?). Se Gyldénfjellet.

Two small islands in the mouth of Wahlenbergfjorden, Nordaustlandet. After Hans O.F. Gyldén (1867–?). See Gyldénfjellet.

H.U. Sverdrupfjella
7912

Fjellparti (1314 m) på Spitsbergen, mellom Kongsfjorden og Krossfjorden. Etter den norske vitenskapsmannen og polarforskeren Harald U. Sverdrup (1888–1957), som deltok i den norske Svalbard-ekspedisjonen i 1934. Sverdrup anses som grunnleggeren av moderne fysisk oseanografi.

Mountain area (1314 m) on Spitsbergen, between Kongsfjorden and Krossfjorden. After the Norwegian scientist and Arctic explorer Harald U. Sverdrup (1888–1957), who was a member of the Norwegian expedition to Svalbard 1934. Sverdrup is recognized as the founder of the modern school of physical oceanography.

Hahnfjella
7818

Fjellområde på Spitsbergen, langs vestsida av Storfjorden, sørafor Wichebukta. Området er oppkalt etter den tyske geografen Friedrich G. Hahn (1852–1917).

Group of mountains on Spitsbergen, along the western side of Storfjorden. The area is named after the German geographer Friedrich G. Hahn (1852–1917).

Haitanna
7616

Fjell (932 m) på Spitsbergen, i Sørkapp Land, mellom Stormbukta og Isbukta. Markert fjelltopp, med en viss likhet med ei haitann. Til fjellnavnet er laget navnet Haitannegga (fjellkam).

Peak (932 m) on Spitsbergen, in Sørkapp Land, between Stormbukta and Isbukta. Marked mountain, named after its shape ('shark's tooth'). To the name of the mountain is created the name Haitannegga ('shark's tooth ridge').

Halvmånesundet
7723

Sund mellom Edgeøya og Halvmåneøya. Navnet på sundet er trolig et relasjonsnavn til øynavnet Halvmåneøya (se dette).

Sound between Edgeøya and Halvmåneøya. The name of the sound is probably related to the name Halvmåneøya (see this).

Halvmåneøya
7723

Øy ved sørøstenden av Edgeøya. Navnet er en oversettelse av det nederlandske navnet Halvemaens Eyland (1668). Dette kan være et oppkallingsnavn (skip?), eller skyldes en sammenligning med formen på øya. På øya finnes en godt bevart norsk fangststasjon for isbjørn.

Island off the southeastern coast of Edgeøya. The name is a translation into Norwegian of the Dutch name Halvemaens Eyland (1668, 'half moon island'). The island may be named after somebody or something (a ship?). The shape of the island can also have caused its name. On the island is found a well preserved Norwegian hunting station for icebears.

Hambergbukta
7717

Bukt på østsida av Spitsbergen, om lag 70 km nordafor Sørkapp. Mulig oppkalt etter Axel Hamberg (1863–1933), svensk geograf, mineralog og arktisk utforsker, deltaker i flere arktiske ekspedisjoner.

Bay on the eastern side of Spitsbergen. Probably named after the Swedish geographer, mineralogist and Arctic explorer Axel Hamberg (1863–1933), member of several Arctic expeditions.

Hannbreen
7821

Bre på østkysten av Spitsbergen, mellom Steinhauserfjellet og Hellwaldfjellet. Breen har navn etter Julius von Hann (1839–1921), østerriksk meteorolog, professor ved universitetet i Wien.

Glacier on the eastern coast of Spitsbergen, between Steinhauserfjellet and Hellwaldfjellet. The glacier is named after Julius von Hann (1839–1921), an Austrian meteorologist, professor at the University of Vienna.

Hardiefjellet
7811

Fjell (727 m) på Prins Karls Forland. Fjellet skal ha navn etter en F.W. Hardie fra Edinburg (registrert som M(oun)t Hardie i 1913).

Mountain (727 m) on Prins Karls Forland. The mountain is said to be named after a certain F.W. Hardie from Edinburgh (registered as Mt Hardie 1913).

Hartogbukta
7925

Bukt på sørøstsida av Nordaustlandet. Bukta har navn etter breforskeren John M. Hartog, som besøkte området i 1949 og 1951.

Bay on the southeastern side of Nordaustlandet. The bay is named after John M. Hartog, who visited the Nordaustlandet as glaciologist in 1949 and 1951.

Haukebukta
7811

Bukt på vestsida av Prins Karls Forland. Bukta har navn etter Haukesteinen, et skjær sørafor Kaldneset på vestsida av bukta. Fuglenavnet hauk ligger til grunn her.

Bay on the western coast of Prins Karls Forland. The bay is named after the skerry Haukesteinen ('hawk rock') south of the point Kaldneset on the western side of the bay.

Hayesbreen
7818

Bre på Spitsbergen, i Sabine Land, vestafor Storfjorden. Etter Isaac Israel Hayes (1832–81), amerikansk lege og arktisk utforsker.

Glacier on Spitsbergen, in Sabine Land, west of Storfjorden. After Isaac Israel Hayes (1832–81), American physician and Arctic explorer.

Heclahuken
7917

Fjell (486 m) på Spitsbergen, østafor Sorgfjorden. Det fremstikkende fjellet har fått navn etter det engelske skipet Hecla som ble brukt under flere ekspedisjoner til Svalbard og de arktiske områdene på 1820-tallet. I mars 1827, etter å ha ankret opp Hecla i Heclahamna i Sorgfjorden, la den britiske hydrografen William E. Parry sammen med 24 menn ut i to båter med forsyninger for 71 dager i et forsøk på å nå fram til Nordpolen. Isforholdene, tung last og små matrasjoner hindret fremrykkingen, og drivisen førte mennene sørover. Forsøket ble oppgitt, og ekspedisjonen vendte tilbake til skipet.

Mountain (486 m) on Spitsbergen, east of Sorgfjorden. The protruding mountain has been named after the polar vessel Hecla, which was used for several expeditions to Svalbard and the Arctic area 1819–27. In March 1827, anchoring Hecla in Heclahamna at Sorgfjorden, the British hydrographer William E. Parry set out with twenty-four men in two boats with provisions for seventy-one days in an attempt to reach the North Pole. The ice conditions, heavy loads, and Spartan diet prevented them from making much progress, and the drifting ice was also pushing them south. They decided to abandon the effort about 500 miles from the Pole, and returned to the ship.

Hedgehogfjellet
7617

Fjell (622 m) på østsida av Spitsbergen, østafor Hornsund. Sammenligningsnavn, gitt etter likheten med rygghvirvlene på et pinnsvin (eng. hedgehog). Navnet skal opprinnelig ha vært brukt om Hornsundtinden, men er seinere overført på dette fjellet.

Mountain (622 m) on Spitsbergen, east of Hornsund. The name of the mountain contains the name of the animal hedgehog. Originally, the name referred to the mountain which today is called Hornsundtinden, and which is said to resemble – in some way – the spines of a hedgehog.

Heer Land
7717

Landområde på Spitsbergen, mellom Van Mijenfjorden og østkysten. Den sveitsiske paleobotanikeren Oswald Heer (1809–83), professor ved Universitetet i Zürich, studerte og beskrev plantefossiler, særlig i svenske samlinger fra Svalbard.

Area on Spitsbergen, between Van Mijenfjorden and the east coast.The Swiss palaeobotanist Oswald Heer (1809–83), professor at the University of Zürich, studied and described fossil plants, especially in Swedish collections from Svalbard.

Heleysundet
7821

Sund mellom Spitsbergen og Kükenthaløya nord for Barentsøya. Det trange sundet er oppkalt etter William Heley (1595–?), superkargo (lasttilsynsmann) på Spitsbergen for hvalfangstflåten til The Muscovy Company i London.

Sound between Kükenthaløya north of Barentsøya and Spitsbergen. The narrow sound is named after William Heley (1595–?), supercargo at Spitsbergen for the whaling fleet of the Muscovy Company, London.

Helgolandøya
7828

Øy i øygruppen Kong Karls Land. Det tyske dampskipet Helgoland ble brukt under en arktisk ekspedisjon i 1898.

Island on the southern side of Kongsøya, in Kong Karls Land. The German steamer Helgoland was used by an Arctic expedition in 1898.

Hellefonna
7817

Breområde på Spitsbergen, i Sabine Land. Området, som omfatter flere mindre breer, er oppkalt etter Sigurd G. Helle (1920–), topograf ved Norsk Polarinstitutt.

Glaciated area on Spitsbergen, in Sabine Land. The area, which encompasses several smaller glaciers, is named after Sigurd G. Helle (1920–), topographer at Norwegian Polar Institute.

Hellwaldfjellet
7820

Fjell (665 m) på østkysten av Spitsbergen, nordafor Ginevrabotnen. Fjellet er oppkalt etter tyskeren Friedrich A.H. von Hellwald (1842–92), forfatter av geografiverk. Det samme gjelder Hellwaldbukta under fjellet.

Mountain (665 m) on Spitsbergen, north of Ginevrabotnen. The mountain is named after the German Friedrich A.H. von Hellwald (1842–92), an author of geographical works. The same is the case for Hellwaldbukta, the bay below the mountain.

Hinlopenbreen
7919

Bre på Spitsbergen, faller ned mot Vaigattbogen, på vestsida av Hinlopenstretet. Den store breen har trolig navn etter Hinlopenstretet (se dette) mellom Spitsbergen og Nordaustlandet.

Glacier on Spitsbergen, debouching into Vaigattbogen. The large glacier was probably named after the strait Hinlopenstretet (see this) between Spitsbergen and Nordaustlandet.

Hinlopenrenna
8017

Renne i havbotnen i og nordafor Hinlopenstretet mellom Spitsbergen og Nordaustlandet. Den undersjøiske renna har navn etter Hinlopenstretet (se dette).

Submarine channel in Hinlopenstretet mellom Spitsbergen and Nordaustlandet. The channel is named after Hinlopenstretet (see this).

Hinlopenstretet
7919

Sund mellom Spitsbergen og Nordaustlandet. Navnet skriver seg muligens fra nederlenderen Thymen J. Hinlopen, direktør for Noordsche Compagnie fra 1617. Sundet er 160 km langt, med en bredde som varierer mellom 9 og 50 km.

Strait separating Spitsbergen from Nordaustlandet. The name may be derived from the Dutchman Thymen J. Hinlopen, managing director of Noordsche Compagnie from 1617. The strait has a length of about 160 km. The width varies between 9 and 50 km.

Hiorthhamn
7815

Gruvested (nedlagt 1921) på Spitsbergen, på østsida av Adventfjorden. Etter Fredrik Hiorth (1851–1923), norsk ingeniør og industrimann, direktør for gruveselskapet A/S De Norske Kullfelter Spitsbergen.

Mining town (abandoned 1921) on Spitsbergen, on the eastern side of Adventfjorden. After Fredrik Hiorth (1851–1923), Norwegian engineer and industrialist, director of the company A/S De Norske Kullfelter Spitsbergen, Norway.

Hisingerfjellet
7715

Fjell (1076 m) på Spitsbergen, sørafor Van Mijenfjorden. Etter Wilhelm Hisinger (1766–1852), svensk kjemiker og geolog. Sammen med svenske og tyske kolleger oppdaget Hisinger grunnstoffet cerium (Ce) i 1803.

Mountain (1076 m) on Spitsbergen, south of Van Mijenfjorden. The mountain is named after Wilhelm Hisinger (1766–1852), a Swedish chemist and geologist. Hisinger, together with colleagues in Sweden and Germany, discovered the element Cerium (Ce) in 1803.

Hoelhalvøya
7910

Halvøy på Spitsbergen, sørafor Magdalenefjorden. Den norske geologen og arktiske utforskeren Adolf Hoel (1879–1964) var medlem av og leder for en rekke arktiske ekspedisjoner. Hoel var også direktør for Norges Svalbard- og Ishavs-undersøkelser til 1945.

Peninsula on Spitsbergen, south of Magdalenefjorden. The Norwegian geologist and Arctic explorer Adolf Hoel (1879–1964) was member and leader of several expeditions to the Arctic area from 1907. He was also the leader of Norges Svalbard- og Ishavs-undersøkelser (Norway's Svalbard and Arctic Sea Research Body) until 1945.

Holmstrømbreen
7814

Bre på Spitsbergen, nordvest for Ekmanfjorden. Etter Leonard P. Holmström (1840–1919), svensk geolog.

Glacier on Spitsbergen, debouching into Ekmanfjorden. After Leonard P. Holmström (1840–1919), Swedish geologist.

Holtedahlfonna
7914

Platåbre på Spitsbergen, mellom Kongsfjorden og Wijdefjorden. Den norske geologen og arktiske utforskeren Olaf Holtedahl (1885–1975), professor ved Universitetet i Oslo, var medlem og leder av flere arktiske ekspedisjoner. Torafjellet sør for breen er oppkalt etter Holtedahls hustru.

Glacier on Spitsbergen, between Kongsfjorden and Wijdefjorden. The Norwegian geologist and Arctic explorer Olaf Holtedahl (1885–1975), professor at the University of Oslo, member and leader of several Arctic expeditions. Torafjellet south of the glacier is named after Holtedahl's wife.

Hopen
7625

Øy sørøst for Edgeøya (46 km^2). Øya kan ha navnet sitt etter Hopewell, skipet til den engelske hvalfangstskipperen Thomas Marmaduke, som besøkte øya i 1613, og muligens også var den som oppdaget den. En forklaring ut fra ordet hop 'smal, lita vik' passer ikke med landskapsformene.

Island southeast of Edgeøya (46 km^2). The island may be named after Hopewell, the vessel of the English whaling skipper Thomas Marmaduke, who visited the place in 1613, and very likely also discovered it. An explanation in connection with the Norwegian word hop, 'narrow inlet', does not make good sense.

Hopen Radio
7625

Radiostasjon på østsida av Hopen. Under andre verdenskrig ble det etablert en tysk meteorologisk stasjon i Husdalen på øya. Stasjonen drives i dag av den norske stat. Staben som foretar værobservasjoner, er også ansvarlig for Hopen Radio.

Radio station on the eastern side of Hopen. During the second world war, a German meteorological station was established in Husdalen ('house valley') on Hopen, and this is still maintained by the Norwegian state. Weather observations are made by the staff, who is also responsible for Hopen Radio.

Hopenbanken
7622

Grunt havområde østafor Hopen. Området har navn etter øya (se Hopen).

Bank east of the island Hopen. Named after the island (see Hopen).

Hornbreen
7716

Brefall på Spitsbergen, i Adriabukta, innerst i Hornsund. Brenavnet har sammenheng med fjordnavnet Hornsund (se dette).

Glacier on Spitsbergen, inner part of Hornsund. The name of the glacier is related to the name of the fjord Hornsund (see this).

Hornemantoppen
7911

Fjell (1115 m) på Spitsbergen, mellom Magdalenefjorden og Liefdefjorden. Etter Hans H. Horneman (1898–1945), norsk gruveingeniør og geolog. Under fjellet ligger Hans Henrikbreen, oppkalt etter samme mann.

Mountain (1115 m) on Spitsbergen, between Magdalenefjorden and Liefdefjorden. After Hans H. Horneman (1898–1945), Norwegian mining engineer and geologist. Under the mountain lies the glacier Hans Henrikbreen, named after the same man.

Hornsund. © Gunn Håberget

Hornodden
8033

Nes på sørøstenden av Kvitøya. Odden har navn etter den norske geologen Gunnar Horn (1894–46). Horn ledet ekspedisjonen i 1930 som ved et tilfelle fant restene av ekspedisjonen til den svenske ingeniøren og arktiske utforskeren S.A. Andrée fra 1897.

Point on the southeastern side of Kvitøya. The point is named after the Norwegian geologist Gunnar Horn (1894–1946). Horn led the expedition in 1930 when the remnants of the Swedish engineer and Arctic explorer S.A. Andrée's expedition from 1897 were found, merely by chance.

Hornsund
7615

Fjord på vestsida av Spitsbergen, om lag 50 km nordafor Sørkapp. Et oversatt utsnitt av ei loggbok (Poole 1610) forteller navnehistorien: «De brakte en del av et reinsdyrhorn ombord, og derfor kalte jeg dette sundet Horne Sound» (jf Place Names:189). Ved Hornsund ligger en polsk forskningsstasjon (2004: 8 ansatte).

Fjord on the western side of Spitsbergen, north of Sørkapp. A diary (Poole 1610) explains the story of the name: «They brought a piece of a Deeres Horne aboard, therefore I called this sound Horne Sound» (cf. Place Names:189). A Polish research centre is located in Hornsund (2004: 8 employees).

Hornsundbanken
7613

Grunt havområde vestafor Hornsund på Spitsbergen. Området er oppkalt etter Hornsund (se dette).

Bank west of Hornsund on Spitsbergen. Named after Hornsund (see this).

Hornsundneset
7615

Nesområde på Spitsbergen, på sørsida av Hornsund. Neset ligger ved innløpet til Hornsund, og har navn etter denne fjorden (se Hornsund).

Pointed area on Spitsbergen, south of Hornsund. The area is named after the fjord Hornsund (see this).

Hornsundtind
7616

Fjell (1431 m) på Spitsbergen, på sørsida av Hornsund. Fjellet har navn etter fjorden Hornsund (se dette).

Mountain (1431 m) on Spitsbergen, south of Hornsund. The mountain is named after the fjord Hornsund (see this).

Hotellet på Hotellneset. © UBIT, Universitetsbiblioteket i Trondheim

Hotellneset
7815

Nes på Spitsbergen, på vestsida av Adventfjorden. Vesteraalens Dampskibsselskab bygde et hotell – verdens nordligste – på dette flate neset i 1896 i forbindelse med rutetrafikk til Svalbard.

Point on Spitsbergen, at the western entrance to Adventfjorden. Vesteraalens Dampskibsselskab (Vesteraalen Steamship Company) built a hotel – the northernmost hotel in the world – on this flat point in 1896, to house tourists following the «Sports Route» to Svalbard.

Høgskulefjellet
7815

Fjell (670 m) på Spitsbergen, på sørenden av halvøya mellom Dicksonfjorden og Billefjorden. Mulig sammenheng med akademisk deltakelse i Svalbard-ekspedisjoner. En dal vestafor fjellet bærer navnet Studentdalen, og en bre i området heter Universitetsbreen.

Mountain (670 m) on Spitsbergen, on the peninsula between Dicksonfjorden and Billefjorden. The name may be given after or explained by the participation of academics in Arctic expeditions. In Scandinavian languages, the word høgskule is a common designation for universities and schools of university rank. A valley west of the mountain is named Studentdalen ('student's valley'), a glacier in the area Universitetsbreen ('university glacier').

Haakon VII Land
7811

Landområde ved nordvestenden av Spitsbergen, mellom Krossfjorden og Woodfjorden. Etter Haakon VII (1872–1957), konge av Norge 1905–57.

Area in the northwestern part of Spitsbergen, between Krossfjorden and Woodfjorden. After Haakon VII (1872–1957), King of Norway 1905–57.

Haastberget
7820

Fjell (425 m) på vestsida av Barentsøya. Stedet er navngitt etter Johann F.J. von Haast (1822–77), tysk-australsk geolog.

Mountain (425 m) on the western side of Barentsøya. The place is named after Johann F.J. von Haast (1822–77), German-Australian geologist.

Håøya
7621

Øy sørafor Edgeøya, ei av Tusenøyane. Et vanlig øynavn i Norge, med adjektivet hå 'høg'.

Island south of Edgeøya, one of the group named Tusenøyane. A common Norwegian name for a high island, Hå- meaning 'high'.

Idunfjellet
7919

Fjell på Nordaustlandet, på nordsida av Wahlenbergfjorden. Fjellet har navn etter Idun, gudinne for vår, ungdom og udødelighet i norrøn mytologi. Andre gudenavn forekommer også i stedsnavn i området, som i Balderfonna, Brageneset, Glitnefonna, Nivlheim, Ringhornet, Valhallfonna og Åsgardfonna.

Mountain on Nordaustlandet, north of Wahlenbergfjorden. The mountain is named after Idun, goddess of spring, youth and immortality in Norse mythology. Other place names in the area related to Norse mythology are Balderfonna, Brageneset, Glitnefonna, Nivlheim, Ringhornet, Valhallfonna and Åsgardfonna.

Inglefieldbreen
7718

Bre på vestkysten av Spitsbergen, i Heer Land. Etter Sir Edward Inglefield (1820–94), engelsk sjøoffiser og arktisk utforsker. Inglefieldbukta og Inglefieldmorenen er oppkalt etter samme mann.

Glacier on Spitsbergen, in Heer Land. After Sir Eward A. Inglefield (1820–94), English naval officer and Arctic explorer. Inglefieldbukta and Inglefieldmorenen are named after the same man.

Isachsenfonna
7913

Platåbre på Spitsbergen, østafor Krossfjorden. Den norske offiseren og utforskeren Gunnerius (Gunnar) I. Isachsen (1868–1939) gikk over breen i 1906. Isachsen deltok i ei rekke ekspedisjoner til Arktis og Antarktis.

Glacier on Spitsbergen, east of Krossfjorden. The Norwegian officer and explorer Gunnerius (Gunnar) I. Isachsen traversed the glacier in 1906. Isachsen was member and leader of several expeditions to the Arctic and Antarctic.

Isbukta

7617

Bukt på Spitsbergen, mellom Sørkapp og Hamborgbukta, foran Vasil'evbreen. Navn etter isforholdene, mulig i forhold til Vasil'evbreen.

Bay on Spitsbergen, in front of Vasil'evbreen between Sørkapp and Hamborgbukta. The name is connected with ice conditions, possibly in relation to the glacier Vasil'evbreen.

Isdomen

7925

Istopp på Nordaustlandet, på Austfonna, vestafor Hartogbukta. Navnet viser til en topp på innlandsisen, som dekker over en fjelltopp under overflaten av Austfonna. Navnet inneholder det engelske ordet dome, 'kuppel'.

Cap on the inland ice on Nordaustlandet, west of Hartogbukta. The name refers to an ice cap, hiding a rock under the surface of the glacier Austfonna. The name contains the English word dome.

Isfjord Fyr

7813

Fyr på Spitsbergen, på Kapp Linné sørafor innløpet til Isfjorden. Fyret, som ble bygd i 1933, har navn etter Isfjorden (se dette).

Lighthouse on Spitsbergen, on Kapp Linné. The lighthouse, which was built in 1933, is named after Isfjorden (see this).

Isfjord Radio

7813

Radiostasjon på Spitsbergen, på Kapp Linné sørafor innløpet til Isfjorden. Radiostasjonen, som ble bygd i 1933, har navn etter Isfjorden (se dette)

Radio station on Spitsbergen, on Kapp Linné. The station, which was built in 1933, is named after Isfjorden (see this).

Isfjordbanken
7710

Havområde vestafor Spitsbergen, vestafor Isfjorden (se dette).

Bank west of Spitsbergen, southwest of Isfjorden (see this).

Isfjorden
7815

Fjord på vestsida av Spitsbergen. Fjorden, som er den nest lengste på Svalbard (107 km), har navn etter isforholdene. Drivisen kan ligge tett i fjordåpningen. Navnet er registrert i fransk form i 1764 (Baye Glacée).

Fjord on Spitsbergen. The fjord, which is the second longest fjord on Svalbard (107 km), is named after the ice conditions. The name is recorded, in French, in 1764 (Baye Glacée).

Isfjordrenna
7810

Renne på havbotnen vestafor Spitsbergen, vestafor Isfjorden. Renna er en undersjøisk forlengelse av Isfjorden, og har navn etter denne (se Isfjorden).

Submarine continuation of Isfjorden (see this), on the western side of Spitsbergen.

Isispynten
7926

Nes på østsida av Nordaustlandet. Etter elva Isis, ved Oxford i England. Navnet ble gitt av en ekspedisjon fra universitetet i Oxford i 1924, både som oppkalling og fordi navnet lydlig sett syntes å passe på ei isfylt kyststrekning.

Point on the eastern coast of Nordaustlandet. The point is named after the river Isis, near Oxford in England. The name was given by an expedition from the University of Oxford 1924, also because it seemed appropriate in conveying the idea of an icy coastline.

Isfjorden. © Gerd-Elin Aune

Isrundingen
7918

Isnes foran Valhallfonna, på vestsida av Hinlopenstretet. Navnet reflekterer runde former.

Glacier point in front of Valhallfonna, on the western side of Hinlopenstretet. Literally, the name means 'the round of ice'.

Isøyane
7714

Øygruppe nordafor Hornsund på Spitsbergen, vestafor Torellbreen. Øygruppen utenfor Torellbreen har trolig navn etter breen.

A group of islands off Torellbreen on Spitsbergen, north of Hornsund. The islands are probably named after the glacier Torellbreen.

Italiaodden
7927

Nes på østsida av Nordaustlandet, sørafor Kapp Laura. Neset, som er dannet av Austfonna, har navn etter luftskipet Italia som ble brukt av italieneren Umberto Nobile på hans nordpolsferd i 1928.

Point on the east side of Nordaustlandet, south of Kapp Laura. The point, formed by the glacier Austfonna, is named after the airship Italia which was used by the Italian Umberto Nobile in his expedition to the North Pole in 1928.

James I Land
7814

Landområde på Spitsbergen, mellom Kongsfjorden, Woodfjorden og Nordfjorden. Etter James I, konge av England og Skottland (1603–25).

Area on Spitsbergen, between Kongsfjorden, Woodfjorden and Nordfjorden. After James I, King of England and Scotland (1603–25).

Johnsenberget
7829

Fjell (235 m) nær østenden av Kongsøya i Kong Karls Land. Fjellet er oppkalt etter Nils Johnsen (1838–1913), norsk selfangstkaptein. Johnsen besøkte Kong Karls Land sommeren 1872, med selfangstskuta Lydianna (jf Lydiannasundet mellom Kongsøya og Abeløya), og besteg Johnsenberget.

Mountain (235 m) near the eastern part of Kongsøya, in Kong Karls Land. The mountain is named after Nils Johnsen (1838–1913), captain of the Norwegian sealer Lydianna. He visited Kong Karls Land in 1872 (cf. Lydiannasundet between Kongsøya and Abeløya) and climbed the mountain.

Kaldbukta
7715
Bukt på Spitsbergen, på nordsida av Van Mijenfjorden. Navnet på den vide, åpne bukta er en norsk tilpasning av et eldre navn med innholdet 'den kalde bukta' (jf. Koude herberg 1622, muligens en oppkalling etter et sted i Flandern).

Bay on Spitsbergen, north of Van Mijenfjorden. The name of the wide, open bay is a Norwegian translation and adaptation of an older name meaning 'the cold bay' (cf. Koude herberg 1690, possibly named after a place in Flandern).

Kaldneset
7811
Nes på vestsida av Prins Karls Forland, sørvest for Hardiefjellet. Det norske navnet er en tilpasning av det engelske navnet Cape-cold (1610).

Point on the western side of Prins Karls Forland, southwest of Hardiefjellet. The Norwegian name is a translation and adaptation of the English name Cape-cold (1610).

Kapp Altmann
7828
Nes på sørvestenden av Kongsøya. Etter Johan A. Altmann (1836–1904), norsk selfangstskipper. Han utforsket området rundt Kong Karls Land, og oppdaget neset på Kongsøya i 1872.

Point in the southwestern part of Kongsøya. The Norwegian sealing skipper and explorer Johan A. Altmann (1836–1904) discovered the island in 1872.

Kapp Borthen
7714
Nes i Wedel Jarlsberg land, på vestsida av Vestre Torellbreen. Harry Borthen (1884–1963), norsk skipsreder, støttet de norske Svalbard-ekspedisjonene i 1917.

Cape in Wedel Jarlsberg Land, west of Vestre Torellbreen. Harry Borthen (1884–1963), Norw. shipowner, contributed to the Norwegian Svalbard Expeditions 1917.

Kapp Bruun
8025
Nes på nordøstsida av Nordaustlandet, østafor Albertinibukta. Neset har navn etter Carsten H.C. Bruun (1828–1907), norsk sel- og hvalfangstreder, fra Sem i Vestfold. Bruun utførte meteorologiske observasjoner i Nordishavet, og mottok en fransk utmerkelse for dette.

Cape on the northeastern side of Nordaustlandet, east of Albertinibukta. The cape is named after Carsten H.C. Bruun (8025), Norwegian sealer and whaler, from Sem, Vestfold. Bruun made meteorological observations in the Arctic Sea, and was rewarded a French gold medal for his work.

Kapp Fanshawe
7918
Nes på Spitsbergen, på nordenden av Lomfjordhalvøya. Etter Fanshawe, matros ombord på ekspedisjonsskipet Hecla i 1827. Se også Parryøya.

Cape on Spitsbergen, in the northern part of Lomfjordhalvøya. After Fanshawe, mate of Hecla, the vessel of Parry's expedition to Spitsbergen 1827. See also Parryøya.

Kapp Guissez
7911
Nes på Spitsbergen, mellom Kongsfjorden og Krossfjorden. Neset har navn etter den franske marineoffiseren Guissez, hydrograf ved Prins Albert av Monacos Svalbard-ekspedisjon i 1898.

Cape on Spitsbergen, between Kongsfjorden and Krossfjorden. The cape is named after the French naval officer Guissez, hydrographer to the Spitsbergen expedition of Prince Albert I of Monaco 1898.

Kapp Hammerfest
7826

Nes på sørvestenden av Svenskøya. Neset ble sett og kartfestet i 1872 av skipperne på to selfangstskuter fra Hammerfest.

Cape in the southwestern part of Svenskøya. The point was seen and mapped 1872 by two sealing skippers from Hammerfest in Norway.

Kapp Hansteen
8019

Nes på Nordaustlandet, ytterst på Botniahalvøya. Etter Christopher Hansteen (1784–1873), norsk astronom, professor ved Universitetet i Oslo.

Cape on Nordaustlandet, the northern point of Botniahalvøya. After Christopher Hansteen (1784–1873), Norwegian astronomer, professor at the University of Oslo.

Kapp Heuglin
7822

Nes på nordsida av Edgeøya, øyas nordligste punkt. Etter Theodor von Heuglin (1824–76), tysk utforsker av arktiske og afrikanske forhold. Heuglinbreen på Spitsbergen er også oppkalt etter ham.

Cape on Edgeøya, the northernmost point on the island. The cape is named after Theodor von Heuglin (1824–76), German explorer of Arctic and African areas. The glacier Heuglinbreen (Spitsbergen) is also named after him.

Kapp Kjeldsen
7913

Nes på Spitsbergen, mellom Woodfjorden og Bockfjorden. Neset har navn etter Johan Kjeldsen (1840–1909), norsk selfanger, kaptein og islos på mange arktiske ekspedisjoner.

Cape on Spitsbergen, between Woodfjorden and Bockfjorden. The headland bears the name of Johan Kjeldsen (1840–1909), Norwegian sealing skipper captain of vessels of and ice pilot to many expeditions to the Arctic area.

Kapp Laura

8027

Nes på østsida av Nordaustlandet. Etter Laura Albertini, mor til Giovanni Albertini som i 1928–29 deltok i leteekspedisjonene etter Umberto Nobile og hans menn. Se også Albertinibukta.

Cape on the eastern side of Nordaustlandet. After Laura Albertini, the mother of Giovanni Albertini who in 1928–29 took part in the search for Umberto Nobile and his men. See also Albertinibukta.

Kapp Lee

7820

Nes, nordvestenden av Edgeøya. Navnet er en oversettelse av det engelske navnet Lees Foreland (1625). Det inneholder muligens et personnavn.

Cape on the northwestern side of Edgeøya. The name is a translation of the English name Lees Foreland (1625). It may refer to a person.

Kapp Leigh Smith

8028

Iskant på nordøstenden av Nordaustlandet. Dette isneset, kanten av Leighbreen, har navn etter Benjamin Leigh Smith (1828–1913), engelsk arktisk oppdagelsesreisende. Han besøkte Svalbard flere ganger. Se også Leighbreen.

Cape on the northeastern side og Nordaustlandet. The ice cape, end of the glacier Leighbreen, is named after Benjamin Leigh Smith (1828–1913), English Arctic voyager, who visited Svalbard on several occasions. See also Leighbreen.

Kapp Lovén

8021

Nes på Nordaustlandet, vestafor Rijpfjorden. Etter Sven Lovén (1809–95), svensk zoolog, leder av en Spitsbergen-ekspedisjon i 1837. Lovénberget er også oppkalt etter ham.

Cape on Nordaustlandet, west of Rijpfjorden. After Sven Lovén (1809–95), Swedish zoologist, leader of an expedition to Spitsbergen in 1837. Lovénberget is also named after him.

Kapp Lyell

7714

Nes på Spitsbergen, sørafor munningen av Bellsund. Nes på Lyellstranda, navngitt etter den engelske geologen Charles Lyell (1797–1875).

Cape on Spitsbergen, south of the entrance to Bellsund. The cape is located near Lyellstranda ('Lyell beach'), named after the English geologist Charles Lyell (1797–1875).

Kapp Mitra

7911

Nes på Spitsbergen, på sørenden av Mitrahalvøya. Fjellet Mitra lenger nordøst (393 m), som etter sin form ligner en mitra (biskops hodeplagg), har gitt navn til Kapp Mitra og Mitrahalvøya.

Cape on Spitsbergen, the southwestern corner of Mitrahalvøya. The mountain Mitra (393 m) – resembling a mitre, the headcloth or headdress of bishops – further northeast has given name to Kapp Mitra and Mitrahalvøya.

Kapp Mohn

7925

Nes på sørøstsida av Nordaustlandet. Neset , og Mohnbukta, har navn etter den norske meteorologen Henrik Mohn (1835–1916).

Cape on the southeastern side of Nordaustlandet. The cape, and the bay Mohnbukta, are named after the Norwegian meteorologist Henrik Mohn (1835–1916).

Kapp Payer

7821

Nes på østsida av Spitsbergen, ved sørenden av Hinlopenstretet. Neset – det østligste punktet på Spitsbergen – er oppkalt etter Julius von Payer (1842–1915), østerriksk offiser og utforsker, medlem av arktiske ekspedisjoner.

Cape on Spitsbergen, at the southern entrance to Hinlopenstretet. The cape – the most easterly point of Spitsbergen – is named after Julius von Payer (1842–1915), Austrian officer and polar explorer, member of Arctic expeditions.

Kapp Pechuel Lösche

7823

Nes på nordøstsida av Edgeøya. Eduard Pechuel-Lösche (1840–1913) var tysk geograf og utforsker.

Cape on the northeastern side of Edgeøya. Eduard Pechuel-Lösche (1840–1913) was a German geographer.

Kapp Petermann

7915

Nes på Spitsbergen, mellom Vestfjorden og Austfjorden i Wijdefjorden. Neset, og også Petermannbreen og Petermannfjellet, er oppkalt etter den tyske geografen August Petermann (1822–78).

Cape on Spitsbergen, between Vestfjorden and Austfjorden in Wijdefjorden. The point, and also the glacier Petermannbreen and the mountain Petermannfjellet, have been named after the German geographer August Petermann (1822–78).

Kapp Platen

8022

Nes på Nordaustlandet, på halvøya mellom Nordenskiöldbukta og Duvefjorden. Etter Baltzar J.E. von Platen (1804–75), svensk sjøoffiser og sjøfartsminister.

Cape on Nordaustlandet, on the peninsula between Nordenskiöldbukta and Duvefjorden. After Baltzar J.E. von Platen (1804–75), Swedish naval officer and minister for naval affairs.

Kapp Thor

7625

Nes, sørenden av Hopen. Neset, og Iversenfjellet, har navn etter Thor Iversen (1873–1953), norsk oseanograf, kaptein og utforsker.

Cape on Hopen, the southernmost point on the island. The cape, and the mountain Iversenfjellet, are named after Thor Iversen (1873–1953), Norwegian oceanograph, captain and explorer.

Kapp Thordsen
7815

Nes på Spitsbergen, på sørspissen av halvøya mellom Billefjorden og Nordfjorden. Skonnerten Axel Thordsen ble brukt under Nordenskiölds Spitsbergen-ekspedisjon i 1864. Se Axeløya.

Cape on Spitsbergen, the southern point on the peninsula between Billefjorden and Nordfjorden. The schooner Axel Thordsen was hired for Nordenskiöld's Spitsbergen expedition in 1864. See Akseløya.

Kapp Weissenfels
7827

Nes på sørøstenden av Svenskøya. Etter den tyske landsbyen Weissenfels an der Saale, fødestedet til den tyske zoologen og utforskeren Willy G. Kükenthal. Kükenthaløya er oppkalt etter ham.

Cape on Svenskøya, the easternmost cape on the eastern side of the island. Named after the German town of Weissenfels an der Saale, birthplace of the German zoologist and explorer Willy G. Kükenthal. Kükenthaløya is named after him.

Kapp Wrede
8022

Nes på Nordaustlandet, mellom Rijpfjorden og Zorgdragerfjorden. Etter Fabian J. Wrede (1802–93), svensk offiser, fysiker og matematiker.

Cape on Nordaustlandet, between Rijpfjorden and Zorgdragerfjorden. After Fabian J. Wrede (1802–93), Swedish officer, physician and mathematician.

Kapp Wærn
7814

Nes på Spitsbergen, mellom Dicksonfjorden og Ekmanfjorden. Neset har navn etter Carl F. Wærn (1819–99), svensk politiker og beskytter av vitenskap.

Cape on Spitsbergen, between Dicksonfjorden and Ekmanfjorden. The cape is named after Carl F. Wærn (1819–99), Swedish politician and patron of science.

Kapp Ziehen

7822

Nes på nordøstsida av Barentsøya. Etter Georg T. Ziehen (1862–1950), tysk vitenskapsmann, som samarbeidet med Kükenthal (jf Kapp Weissenfels).

Cape on the northeastern side of Barentsøya. After Georg T. Ziehen (1862–1950), German scientist, who worked together with Kükenthal (cf. Kapp Weissenfels).

Karl XII-øya

8025

Øy nordafor Nordaustlandet. Etter Karl XII (1682–1718), konge av Sverige og Norge 1697–1718.

Island north of Nordaustlandet. After Karl XII (1682–1718), King of Sweden and Norway 1697–1718.

Kennedyneset

7827

Nes på nordvestenden av Kongsøya, i Kong Karls Land. Stedet er oppkalt etter George Douglas Kennedy (1850–1916), svensk forretningsmann, og bidragsyter til svenske arktiske ekspedisjoner.

Point on the northwestern part of Kongsøya, in Kong Karls Land. The place is named after George Douglas Kennedy (1850–1916), Swedish business man, and contributor to Swedish Arctic expeditions.

Kiepertøya

7821

Øy, den sørligste av Bastianøyane, ved sørenden av Hinlopenstretet. Øya har navn etter Heinrich Kiepert (1818–99), tysk geograf og kartograf, særlig interessert i historisk kartografi.

Island in Hinlopenstretet between Spitsbergen and Nordaustlandet, the southeasternmost of Bastianøyane. The island is named after Heinrich Kiepert (1818–99), German geographer and cartographer, especially interested in ancient historic cartography.

Kistefjellet
7616

Fjell (676 m) på Spitsbergen, nær Sørkapp. Et sammenligningsnavn.

Mountain (676 m) on Spitsbergen, near Sørkapp. The mountain is shaped like a chest (Norw. kiste).

Kjellstrømdalen
7717

Dal på Spitsbergen, nordøst for Braganzavågen. Den svenske topografen Carl Johan J. Kjellström (1855–1913) kartla dalen.

Valley on Spitsbergen, debouching into Braganzavågen. The Swedish topographer Carl Johan J. Kjellström (1855–1913) mapped the valley.

Klerckbukta
7924

Bukt på Nordaustlandet, på vestsida av Kapp Mohn. Etter Magnus C.F. Klerck (1817–91), lensmann i Kautokeino og Sør-Varanger. Han besøkte Svalbard flere ganger som fangstmann.

Bay on Nordaustlandet, west of Kapp Mohn. Magnus C.F. Klerck (1817–91), sheriff (Norw. lensmann) in Kautokeino and Sør-Varanger (Norway), visited Svalbard several times as a trapper.

Kolfjellet
7714

Fjell (715 m) på Spitsbergen, nordafor Van Mijenfjorden. Navnet skyldes kullforekomstene i fjellet.

Mountain (715 m) on Spitsbergen, north of Van Mijenfjorden. The name ('coal mountain') owes to the deposits of coal in the mountain.

Kong Johans bre
7724

Bre på østsida av Edgeøya. Etter Johan (1801–73), konge av Sachsen 1854–73.

Glacier on the eastern side of Edgeøya. After Johan (1801–73), King of Saxony 1854–73.

Kong Karls Land
7828

Øygruppe sørøst for Nordaustlandet (331 km^2). Øygruppen består av øyene Svenskøya, Kongsøya, Abeløya og to mindre øyer, Helgolandøya og Tirpitzøya, samt noen holmer og skjær. Etter Karl I (1823–91), konge av Würtemberg 1864–91. Et eldre navn er Wiches Land (1617, see Wichebukta).

Group of islands southeast of Nordaustlandet (331 km^2). The group consists of the islands Svenskøya, Kongsøya, Abeløya and two smaller islands, Helgolandøya and Tirpitzøya, in addition to some islets and skerries. After Karl I (1823–91), King of Würtemberg (Germany) 1864–91. An older name is Wiches Land (1617, se Wichebukta).

Kong Ludvigøyane
7721

Øyer utafor munningen av Tjuvfjorden på Edgeøya. Etter Ludwig II (1845–86), konge av Bayern (1864–86).

Small islands south of the southwestern part of Edgeøya. After Ludwig II (1845–86), King of Bavaria (1864–86).

Kongsfjorden
7911

Fjord på vestsida av Spitsbergen. Navnet Kongsfjorden er trolig en oversettelse eller tilpasning av det eldre nederlandske navnet Koninks Bay (1710).

Fjord on the northwestern coast of Spitsbergen. The name Kongsfjorden ('the king's bay') is probably a translation or adaptation of the older Dutch name Koninks Bay (1710).

Kongsfjordrenna
7909

Undersjøisk renne i forlengelse av Kongsfjorden på nordvestsida av Spitsbergen. Renna har navn etter Kongsfjorden (se denne).

Submarine channel leading into Kongsfjorden on the northwestern side of Spitsbergen. The channel is named after the fjord (see Kongsfjorden).

Kongsvegen
7812

Bre på Spitsbergen, i sørøstenden av Kongsfjorden. Tilpasning av det engelske navnet Kings Highway. Sammen med Sveabreen danner breen en brei, slynget isveg fra Kongsfjorden til Isfjorden.

Glacier on Spitsbergen, debouching into Kongsfjorden. The name is a Norwegian adaptation of the English name Kings Highway (1898), referring to the shape and the size. Together with Sveabreen, the glacier forms a broad iceroute from Kongsfjorden to Isfjorden.

Kongsøya
7828

Øy, den største i øygruppen Kong Karls Land. Etter Karl XV (1826–72), konge av Sverige og Norge 1859–72.

Island southeast of Nordaustlandet, the central and largest island in Kong Karls Land. After Karl XV (1826–72), King of Sweden and Norway 1859–72.

Kopernikusfjellet
7715

Fjell (1035 m) på Spitsbergen, mellom Van Keulenfjorden og Hornsund. Fjellet, og fjellpasset Kopernikuspasset like ved, har navn etter Nicolaus Kopernicus (1473–1543), polsk astronom.

Mountain (1035 m) on Spitsbergen, between Van Keulenfjorden and Hornsund. The mountain, and the ice-covered pass Kopernikuspasset under the mountain, are named after Nicolaus Kopernicus (1473–1543), Polish astronomer.

Krefftberget
7820

Fjellområde på sørvestenden av Barentsøya. Etter Johann L.G. Krefft (1830–80), tysk-australsk naturforsker, som særlig studerte australske krypdyr og fossile pattedyr.

Group of mountains in the southwestern part of Barentsøya. After Johann L.G. Krefft (1830–80), German-Australian naturalist, who studied reptiles and fossil mammals.

Kronebreen
7813

Bre på Spitsbergen, østafor Kongsfjorden. Breen har navn etter de tre fjelltoppene Tre kroner (Svea, Nora og Dana; se Tre kroner) som løfter seg opp fra breen.

Glacier on Spitsbergen, east of Kongsfjorden. The glacier ('the crown glacier') is named after the peaks Tre kroner ('three crowns') which rise out of the glacier. The peaks are named Svea (: Sweden), Nora (: Norway) and Dana (: Denmark).

Krossfjorden
7911

Fjord på Spitsbergen, nordlig arm av Kongsfjorden. Navnet kan skyldes en sammenligning med et kors. Navnet kan imidlertid også forklares av et kors som ble satt opp i 1610 av en engelsk hvalfanger (Jonas Poole) for å markere den første ilandstigningen i området.

Fjord on Spitsbergen, northern branch of Kongsfjorden. The name may be derived from a comparison with a cross. It has, nevertheless, also been explained by the setting up of a cross to signify the day of the arrival of the English whaler Jonas Poole in this area (1610).

Kuhrbreen
7722

Bre på Edgeøya, arm av Digerfonna, vestafor Tjuvfjorden. Brenavnet – og navnene Kuhrbremorenen og Kuhrbrenosa (fjell) – inneholder muligens et personnavn.

Glacier on Edgeøya, branch of Digerfonna, west of Tjuvfjorden. The name of the glacier – and the neighbouring moraine Kuhrbremorenen and mountain Kuhrbrenosa – may contain the name of a person.

Kulstadholmane

7621

Holmegruppe sørafor Edgeøya, nær Storfjordbanken. Den norske selfangstskipperen Johan Kulstad forliste i Storfjorden i 1853, men ble reddet av en dansk båt. Kulstads beskrivelse av forliset skal være den første bok noensinne skrevet av en innfødt tromsøværing.

Group of islets south of Edgeøya, the southernmost islets in Tusenøyane. The ship of the Norwegian sealing skipper Johan Kulstad was wrecked in Storfjorden 1853, but he was rescued by a Danish ship. Kulstads description of the event is said to be the first book ever written by a native person of the town of Tromsø.

Kvadehuken

7811

Nes på Spitsbergen, på vestspissen av Brøggerhalvøya. Det norske navnet er en tilpasning av det nederlandske Quade Hoek (1652), 'dårlig hjørne, nes', som kan vise til vanskelige seilingsforhold. Qvigstad forklarer navnet slik (1927:25): «Utenfor neset er der strømsætning og issætning, og farvandet er urent.»

Point on Spitsbergen, outernmost on Brøggerhalvøya. The Norwegian name is an adaptation of the Dutch name Quade Hoek (1652), meaning 'bad corner', referring to difficult sailing conditions (cf. Qvigstad 1927:25).

Kvalpynten

7720

Nes, sørvestenden av Edgeøya. Norsk tilpasning av Whales Head (1625).

Point on Edgeøya, the southwesternmost point on the island. A Norwegian adaptation of Whales Head (1625).

Kvalpyntfjellet

7720

Fjell (461 m) på Edgeøya, ovafor Kvalpynten. Fjellet har navn etter Kvalpynten (se dette).

Mountain (461 m) on Edgeøya, above Kvalpynten. The mountain is named after Kvalpynten (see this).

Kvalpyntfonna
7721

Bre på Edgeøya, nordøst for Kvalpynten. Breen har navn etter Kvalpynten (se dette).

Glacier on Edgeøya, above Kvalpynten. The glacier is named after Kvalpynten (see this).

Kvalvågen
7717

Bukt på østsida av Spitsbergen, vestafor Boltodden. Navnet er trolig en oversettelse av Whales-Bay (1865), 'kvalbukta'.

Bay on the eastern side of Spitsbergen, west of Boltodden. The name is probably a Norwegian adaptation of Whales-Bay (1868).

Kveitehola
7418

Dypere område (320 m) i havbotnen nordvest for Bjørnøya. God fiskeplass for kveite.

Deep (320 m) northwest of Bjørnøya. Good halibut (Norw. kveite) fishing ground.

Kvitbreen
7818

Bre på Spitsbergen, sørafor Newtontoppen. Breen har navn etter fargen.

Glacier on Spitsbergen, south of Newtontoppen. The glacier was named after its colour ('the white glacier').

Kvitøya
8032

Øy østafor Nordaustlandet (682 km^2). Øya er så godt som dekket av is. Den svenske ingeniøren og utforskeren Andrée og hans følge omkom på øya i 1897 etter et mislykket forsøk på å nå Nordpolen i luftballong. Restene av ekspedisjonen ble funnet i 1930. Kræmerpynten på Kvitøya (33° 31′ 05″ E) er Svalbards østligste punkt.

Island east of Nordaustlandet (682 km²). The island is almost completely covered with ice. In 1897 the swedish engineer and polar explorer Andrée and his companions arrived there after their unsuccesful journey aross the ice, and died there. The remnants of the expedition were found in 1930. Kræmerpynten on Kvitøya (33° 31' 05" E) is the easternmost point of Svalbard.

Kvitøyjøkulen
8032

Breområde på Kvitøya. Isbreen dekker stort sett hele Kvitøya (se dette).

Glacier on Kvitøya. The glacier covers almost all land on the island (see Kvitøya).

Kükenthaløya
7821

Øy sørafor Heleysundet, mellom Spitsbergen og Barentsøya. Øya har navn etter Willy G. Kükenthal (1861–1922), tysk zoolog og utforsker, medlem av arktiske ekspedisjoner. Se også Kapp Weissenfels.

Island south of Heleysundet, between Spitsbergen and Barentsøya. Named after Willy G. Kükenthal (1861–1922), German zoologist and explorer, member of Arctic expeditions. See also Kapp Weissenfels.

Lady Franklinfjorden
8019

Fjord på vestsida av Nordaustlandet, mellom Lågøya og Botniahalvøya. Lady Jane Franklin (1792–1875) var gift med den engelske sjøoffiseren og utforskeren John Franklin. Mellom 1850 og 1857 organiserte hun flere ekspedisjoner til Svalbard for å lete etter sin mann, som forsvant i 1847.

Fjord on the western side of Nordaustlandet. Lady Jane Franklin (1792–1875) was married to the English naval officer and polar explorer John Franklin. Between 1850 and 1857 she organized several expeditions in search of her husband, who disappeared 1847.

Lakssjøen
7915

Innsjø på Spitsbergen, på østsida av Wijdefjorden. Etter fiskenavnet laks.

Lake on Spitsbergen, on the eastern side of Wijdefjorden. The name contains the Norwegian word (fishname) laks 'Arctic char'.

Langeøya
7920

Øy, den største av Bastianøyane ved sørenden av Hinlopenstretet. Øya er oppkalt etter den tyske kartografen Karl J.H. Lange (1821–93), utgiver av flere atlas og kart.

Island between Spitsbergen and Nordaustlandet, the largest of Bastianøyane at the southern entrance to Hinlopenstretet. The island is named after the German cartographer Karl J.H. Lange (1821–93), editor of several atlases and maps.

Langgrunnodden
8017

Nes på Nordaustlandet, på vestsida av Storsteinhalvøya. Navnet skyldes et grunt havområde utenfor neset.

Point on Nordaustlandet, the westernmost point on Storsteinhalvøya. The name ('the shoal point') owes to a shallow area in the sea off the point.

Laponiahalvøya
8019

Halvøy på Nordaustlandet, mellom Brennevinsfjorden og Nordenskiöldbukta. Halvøya har navn etter Laponia, den latinske formen av det svenske områdenavnet Lappland. Jf også navnene Botniahalvøya, Gotiahalvøya og Scaniahalvøya.

Peninsula on Nordaustlandet, between Brennevinsfjorden and Nordenskiöldbukta. The peninsula is named after the Swedish landscape Lappland, in its latin form Laponia. Cf. also the names Botniahalvøya, Gotiahalvøya and Scaniahalvøya.

Leighbreen
8027

Bre på nordøstenden av Nordaustlandet, vestafor Kapp Leigh Smith. Breen har navn etter Benjamin Leigh Smith (1828–1913), engelsk arktisk oppdagelsesreisende (se Kapp Leigh Smith).

Glacier on the northeastern side of Nordaustlandet, west of Kapp Leigh Smith. The glacier is named after Benjamin Leigh Smith (1828–1913), English Arctic voyager (see Kapp Leigh Smith).

Liefdefjorden
7913

Fjordarm på Spitsbergen, på vestsida av Woodfjorden. Trolig navngitt etter et tysk skip «de Liefde» ('kjærligheten'), som er nevnt i 1669. Liefde Bay var også det nederlandske navnet på Godhavn på Grønland (Qvigstad 1927:36).

Fjord on the northern coast of Spitsbergen, west of Woodfjorden. Probably named after a German ship «de Liefde» ('the love'), which is mentioned 1669. Liefde Bay was also the Dutch name of Godhavn in Greenland (Qvigstad 1927:36).

Lilliehöökbreen

7911

Bre på Spitsbergen, innafor Lilliehöökfjorden, ei vestlig arm av Krossfjorden. Breen har navn etter Lilliehöökfjorden, som igjen er oppkalt etter Gustaf B. Lilliehöök (1836–99), svensk kommandør, medlem av en Svalbard-ekspedisjon.

Glacier on Spitsbergen, between Albert I Land and Haakon VII Land. The glacier is named after the fjord Lilliehöökfjorden, which in turn was named after the Swedish commander Gustaf B. Lilliehöök (1836–99), member of a Spitsbergen expedition.

Linnéfjella

7813

Fjellområde på Spitsbergen, sørafor innløpet til Isfjorden. Fjellområdet – og Linnéebreen, -båken, -dalen, -elva og -vatnet – er oppkalt etter Carl von Linné (1707–78), svensk botaniker.

Group of mountains on Spitsbergen, south of Isfjorden. The mountain area – and Linnéebreen, -båken, -dalen, -elva and -vatnet – are named after Carl von Linné (1707–78), Swedish botanist.

Lomfjorden

7917

Fjord på østsida av Spitsbergen, ved Hinlopenstretet. Lomfjorden skal ha navn etter fuglen lomvi (latin: Uria). Den hekker i stort antall på Bjørnøya, men forekommer også på Svalbard. Også fuglenavnet lom (latin: Gavia) er mulig.

Fjord on the eastern side of Spitsbergen. Lomfjorden is said to be named after the bird common guillemot (Lat. Uria, Norw. lomvi). Bjørnøya is the main breeding area, while the population on Svalbard is small. The bird loon (Lat. Gavia, Norw. lom) is also possible.

Lomfjordhalvøya

7918

Halvøy på Spitsbergen, mellom Lomfjorden og Hinlopenstretet. Etter Lomfjorden (se dette).

Peninsula on Spitsbergen, between Lomfjorden and Hinlopenstretet. After Lomfjorden (see this).

Lomonosovfonna

7817

Bre på Spitsbergen, nordøst for Billefjorden. Breen har fått navn etter Michail V. Lomonosov (1711–65), russisk forfatter og vitenskapsmann. Lomonosovs faglige arbeid var betydelig på flere felt, og han nevnes ofte som grunnlegger av russisk vitenskap.

Glacier on Spitsbergen, northeast of Billefjorden. The glacier is named after Michail V. Lomonosov (1711–65), Russian poet and scientist. Lomonosov made important contributions to both literature and science, and he is also called a founder of Russian science.

Longyearbyen

7815

Bosetning (oppr. gruveby) og norsk administrasjonssted (2004: 1700 innbyggere) på vestsida av Adventfjorden på Spitsbergen. Etter John M. Longyear (1850–1922), amerikansk forretningsmann og gruveeier. Longyear etablerte den første gruva på Svalbard i 1906/07, ved gruveselskapet Arctic Coal Company. Selskapet kalte området Longyear City (Longyearbyen).

Settlement (orig. mining town) and Norwegian administrative centre (2004: 1700 inhabitants) on Spitsbergen, west of Adventfjorden. After John M. Longyear (1850–1922), American businessman and mine owner. Longyear, through the company Arctic Coal Co., established the first mine on Svalbard 1906/07. The company named the area around the mine Longyear City (Norw. Longyearbyen).

Lovénberget

7918

Fjell (434 m) på Spitsbergen, på Lomfjordhalvøya. Fjellet – samt Lovénvatnet og -øyane – har navn etter Sven L. Lovén (1809–95), svensk zoolog, professor og intendant ved

Naturhistoriska Riksmuseet i Stockholm. Lovéns reise til Spitsbergen i 1837 regnes som den første vitenskapelige svenske forskningferd dit.

Mountain (434 m) on Spitsbergen, on the peninsula Lomfjordhalvøya.The mountain – and also the lake Lovénvatnet and the islands Lovénøyane – are named after Sven L. Lovén (1809–95), Swedish zoologist, professor and superintendant at National History Museum in Stockholm (Sweden). Lovéns expedition in 1837 is regarded the first scientific Swedish expedition to Spitsbergen.

Lydiannasundet
7829

Sund mellom Kongsøya og Abeløya. Sluppen Lydianna, skipet til den norske selfangstskipperen Nils Johnsen, besøkte området i 1872. Nils Johnsen utforsket Kong Karls Land.

Sound in Kong Karls Land, between Kongsøya and Abeløya. The sloop Lydianna, ship of the Norwegian sealing skipper Nils Johnsen, visited the area in 1872. Nils Johnsen explored Kong Karls Land.

Lågneset
7713

Nes på Spitsbergen, på nordsida av innløpet til Bellsund. Det lange, lave neset danner ytterste punktet på ei kystslette.

Point on Spitsbergen, north of Bellsund. The long, low (Norw. låg) point forms the end of a coastal plain.

Lågøya
8018

Øy utafor vestkysten av Nordaustlandet. Et beskrivende navn på ei flat øy.

Island off the northwestern coast of Nordaustlandet. A descriptive name of a low (Norw. låg) island.

Magdalenefjorden
7910

Fjord på nordvestenden av Spitsbergen. Fjorden har navn etter den bibelske Maria Magdalena (M. Magdalenen Sond 1620).

Fjord on Spitsbergen, between Reuschhalvøya and Hoelhalvøya. The fjord is named after the biblical Maria Magdalena (M. Magdalenen Sond 1620).

Martensøya
8021

Øy, den østligste i øygruppen Sjuøyane nordafor Nordaustlandet. Etter den tyske legen Friedrich Martens. Han besøkte Svalbard i 1671 om bord på hvalfangstskuta Jonas im Wahlfisch, og foretok de første observasjoner av dyre- og planteliv, klima- og naturforhold. Hans bok om denne turen var standard referanseverk om Svalbard inntil 1820, da William Scoresby publiserte sin berømte «Account of the Arctic Regions».

Island north of Nordaustlandet, the easternmost of Sjuøyane. After the German physicist Friedrich Martens. He visited Svalbard 1671 on board the whaling ship Jonas im Wahlfisch, and made the first observations of animals and plants, climate and conditions. His book from this journey was the standard reference work on the islands until William Scoresby, Jr.'s famous «Account of the Arctic Regions» was published in 1820.

Marvågen
7713

Bukt på Spitsbergen, mellom Bellsund og Isfjorden. Førsteleddet er trolig det gammel-norske ordet marr 'hav' (jf latin mare). Vågen kan være oppkalt etter et annet sted i Norge.

Bay on Spitsbergen, between Bellsund and Isfjorden. The name probably contains the Old Norse word marr, meaning ‹ocean› (cf. Latin mare). The bay may be named after another place in Norway.

Magdalenefjorden. © Gunn Håberget

Maudbreen
8021

Bre på Nordaustlandet, fra Vestfonna mot Rijpfjorden. Breen er oppkalt etter «Maud», skipet Roald Amundsen brukte ved ekspedisjoner gjennom Nordøstpassasjen og i nordområdene 1918–25.

Glacier on Nordaustlandet, from Vestfonna towards Rijpfjorden. The glacier is named after «Maud», the vessel used by the Norwegian Polar explorer Roald Amundsen for expeditions through the North East Passage and around the New-Siberian islands 1918–25.

Meinickeøyane
7721

Øygruppe ved munningen av Tjuvfjorden, sørafor Edgeøya. Etter Carl E. Meinicke (1803–76), tysk geograf.

Islets at the mouth of Tjuvfjorden, Edgeøya. After Carl E. Meinicke (1803–76), German geographer.

Menkeøyane
7723

Øygruppe sørafor Edgeøya. Øyene har navn etter Heinrich T. Menke (1819–92), tysk kartograf og historisk geograf.

Islands south of Edgeøya. The islands are named after Heinrich T. Menke (1819–92), German cartographer and historical geographer.

Middendorffberget
7821

Fjell på nordvestsida av Edgeøya. Etter Alexander T. von Middendorff (1815–94), russisk vitenskapsmann. Middendorff ledet ekspedisjoner til Sibir i 1842–45, som kartla store, inntil da uutforskete områder på Taimyr-halvøya, i Jakutia og langs Russlands sørgrense.

Mountain on the northwestern side of Edgeøya. After Alexander T. von Middendorff (1815–94), Russian scientist. Middendorff led expeditions to Siberia 1842–45, mapping huge, previously unexplored, areas of the Taimyr peninsula, Yakutia, and along Russia's southern frontier.

Midterhuken
7714

Høg pynt (opptil 782 m) på Spitsbergen, mellom Van Keulenfjorden og Van Mijenfjorden. Denne vestlige pynten på Nathorst Land deler fjorden Bellsund i de to nevnte hovedarmene.

Mountainous point (782 m) on Spitsbergen, between Van Keulenfjorden and Van Mijenfjorden. This western point in Nathorst Land – 'the middle hook' – divides the fjord Bellsund in the two named main branches.

Mistakodden
7820

Nes på vestsida av Barentsøya, øyas vestligste punkt. Navnet er ikke sikkert forklart. Den eldste navneformen er svensk (Förvexlingsudden 1865), andre språkformer er nok oversettelser av denne (bl.a. Verwechslungs Spitze 1871, Mistake Point 1879, Changing Point 1900), og navnene kan vise til usikkerhet omkring navn og steder i delvis ukjente områder.

Cape on the western side of Barentsøya, the westernmost point on this island. The origin of the name is not fully clear (Swedish Förvexlingsudden 1865, Mistake Point 1879, Changing Point 1900), but it may be explained by confusion concerning names and places in partially unknown areas.

Mitrahalvøya
7911

Halvøy på Spitsbergen, mellom Krossfjorden og havet. Etter fjellet Mitra (se Kapp Mitra).

Peninsula on Spitsbergen, between Krossfjorden and the sea. After the mountain Mitra (see Kapp Mitra).

Mittag-Lefflerbreen
7816

Bre på Spitsbergen, mellom Wijdefjorden og Billefjorden. Den svenske matematikeren Magnus G. Mittag-Leffler (1846–1927) var medlem av den svenske komitéen for den svensk-russiske gradmålingsekspedisjonen til Spitsbergen 1899–1902.

Glacier on Spitsbergen, between Wijdefjorden and Billefjorden. The Swedish mathematician Magnus G. Mittag-Leffler (1846–1927) was a member of the Swedish committee of the Swedish-Russian Arc-of-Meridian Expedition to Spitsbergen 1899–1902.

Moffen
8014

Øy nordafor Spitsbergen, utafor Wijdefjorden. Navnet forklares av en eldre (nå lite brukt) nederlandsk nedsettende betegnelse på tyskere. Moffen naturreservat (8 km^2) ble opprettet i 1983 på grunn av økende ferdsel. Den lille grusøya er en svært viktig hvileplass for hvalross og et viktig hekkeområde for fugler.

Island north of Spitsbergen, north of Wijdefjorden. The name is explained by an old (now rarely used) Dutch (disapproving) term for Germans. Moffen Nature Reserve (8 km^2) within

Monacobreen. © Marianne Fallan Kristensen

Spitsbergen National Park was established in 1983 after traffic had increased substantially in the area. Moffen is a very important haul-out (resting) area for walrus, and an important nesting site for birds.

Moltkebreen
7820

Bre på Spitsbergen, innafor Wilhelmøya i Hinlopenstretet. Etter Helmut von Moltke (1800–91), tysk feltmarskalk.

Glacier on Spitsbergen, off Wilhelmøya in Hinlopenstretet. After Helmut von Moltke (1800–91), German Field-Marshal.

Monacobreen

7912

Bre på Spitsbergen, sørafor Liefdefjorden. Breen ble kartlagt av prins Albert av Monacos Svalbard-ekspedisjoner i 1906 og 1907 (jf Albert I Land). De samme ekspedisjonene navngav også Monacofjellet på Prins Karls Forland, som igjen har gitt navn til det undersjøiske Monacoflaket nordvest for denne øya.

Glacier on Spitsbergen, debouching into Liefdefjorden. The glacier was mapped by Prince Albert of Monacos expeditions to Spitsbergen 1906 and 1907 (cf. Albert I Land). The same expeditions named and surveyed the mountain Monacofjellet on Prins Karls Forland, which again has given name to the submarine plateau Monacoflaket northwest of this island (Norw. flak '(small) flat area').

Mosselbukta

7915

Bukt på Spitsbergen, ved østsida av innløpet til Wijdefjorden. Opphavet til navnet er usikkert. Det kan inneholde det nederlandske ordet mussel, ‹skjell›, et nederlandsk slektsnavn Mossel (skippernavn?), eller et ord dannet av det engelske ordet marsh, 'myr, sump'. Til navnet Mosselbukta er laget Mosseldalen, -halvøya, -laguna og -vatnet.

Bay on Spitsbergen, east of Wijdefjorden. The origin of the name is unclear. Mossel- may be a mistake for (Dutch) mussel. It may also be the name of some Dutch skipper, or it may contain a form of the English word marsh. Connected with this name are the names Mosseldalen (valley), -halvøya (peninsula), -laguna (lagoon) and -vatnet.

Mosselhalvøya

7916

Halvøy på Spitsbergen, mellom Mosselbukta og Sorgfjorden. Navnet er laget til Mosselbukta (se dette).

Peninsula on Spitsbergen, between Mosselbukta and Sorgfjorden. The name is made from Mosselbukta (see this).

Müllerberget
7721

Fjell (534 m) på Edgeøya, vestafor Digerfonna. Dette høyeste fjellet på øya er oppkalt etter Johann W. von Müller (1824–66), tysk zoolog og utforsker.
Mountain (534 m) on Edgeøya, west of Digerfonna. The mountain – the highest point on the island – is named after Johann W. von Müller (1824–66), German zoologist and explorer.

Müllerneset
7812

Nes på Spitsbergen, på sørsida av innseilingen til St. Jonsfjorden. Neset er oppkalt etter Samuel H. Müller (1849–1930), norsk marineoffiser, leder for den hydrografiske avdelingen i Norges Geografiske Oppmåling, og av Norges Sjøkartverk.

Cape on Spitsbergen, south of the inlet to St. Jonsfjorden. The cape was named after Samuel H. Müller (1849–1930), Norwegian naval officer, leader of the hydrographical section of the Norwegian Geographical Survey, and of the Hydrographic Survey of Norway.

Möllerfjorden
7912

Fjord på Spitsbergen, østlig arm av Krossfjorden. Etter den svenske astronomen Didrik M.A. Möller (1830–1896). Den innerste vika Möllerhamna i denne fjorden har også navn etter samme mann.

Fjord on Spitsbergen, eastern branch of Krossfjorden. After the Swedish astronomer Didrik M.A. Möller (1830–1896). The bay Möllerhamna in the innermost part of this fjord is explained in the same way.

Nathorst Land

7911

Område på Spitsbergen, mellom Van Keulenfjorden og Van Mijenfjorden. Området er oppkalt etter den svenske arktiske utforskeren, geologen og paleobotanikeren Alfred G. Nathorst (1850–1921). Han ledet flere arktiske ekspedisjoner 1870–99. Andre navn etter samme mann er Nathorstbreen, -dalen, -elva og -fjellet.

Area on Spitsbergen, between Van Keulenfjorden and Van Mijenfjorden. The area is named after the Swedish Arctic explorer, geologist and paleobotanist Alfred G. Nathorst (1850–1921). He led several Arctic expeditions 1870–99. Other names after the same man are Nathorstbreen (glacier), -dalen (valley), -elva (river) and -fjellet (mountain).

Nathorstbreen

7914

Brefall på Spitsbergen, i botnen av Van Keulenfjorden. Etter Alfred G. Nathorst (se Nathorst Land).

Glacier on Spitsbergen, debouching into the head of Van Keulenfjorden. After Alfred G. Nathorst (see Nathorst Land).

Negerfjellet

7716

Fjell (395 m) nær sørspissen av Edgeøya, nordafor Negerpynten (se dette).

Mountain (395 m) on Edgeøya, north of Negerpynten (see this).

Negerpynten
7722

Nes, sørligste punktet på Edgeøya. Navnet er en norsk oversettelse av det engelske navnet Negro Point (1625), og (nederlandsk) Swarte Hoeck (1620). Sidene av neset karakteriseres av bånd av mørk skifer fra triastiden (Qvigstad 1927:49).

Headland on Edgeøya, the southernmost point on the island. The name is a translation into Norwegian of the (English) name Negro Point (1625), and (Dutch) Swarte Hoeck (1620). The sides of the point is characterized by bands of dark Triassic shales (Qvigstad 1927:49).

Negribreen
7819

Bre på Spitsbergen, vestafor Ginevrabotnen, på vestsida av Storfjorden. Etter den italienske geografen Christoforo Negri (1809–96), grunnlegger av Reale Società Geografica Italiana.

Glacier on Spitsbergen, debouching into Storfjorden. After the Italian geographer Christoforo Negri (1809–96), founder of the Reale Società Geografica Italiana.

Newtontoppen
7917

Fjell (1713 m) på Spitsbergen, mellom botnen av Wijdefjorden og Hinlopenstretet. Fjellet – Svalbards høyeste – er oppkalt etter Isaac Newton (1642–1727), engelsk matematiker og fysiker. Fjellet er én av mange lokaliteter på Svalbard som har fått navn etter matematikere og fysikere.

Mountain (1713 m) on Spitsbergen, between Wijdefjorden and Hinlopenstretet. The mountain – highest in Spitsbergen – is named after Isaac Newton (1642–1727), English mathematician and physicist. The mountain is one among many localities which has been named after mathematicians and physicists.

Nivlheim
7914

Fjellområde på Spitsbergen, mellom botnen av Woodfjorden og Wijdefjorden. Nivlheim ('tåkeheimen', landet med tåke og råte) er en før-verden i norrøn mytologi. Tomrommet

Ginnungagap sies å skille Nivlheim fra Muspell(heim), landet med evig ild og hete. Nær Nivlheim på Spitsbergen er den trange og dype isdalen Ginnungagap, og også området Muspellvidda. Andre stedsnavn på Svalbard med tilknytning til norrøn mytologi er Balderfonna, Brageneset, Glitnefonna, Idunfjellet, Ringhornet, Valhallfonna og Åsgardfonna.

Mountain area on Spitsbergen, between Woodfjorden and Wijdefjorden. Nivlheim ('fog world', or the land of cold fog and water) is a pre-world in Norse mythology. The void Ginnungagap is said to separate Nivlheim from Muspell(heim), the land of eternal flame
and heat. Near Nivlheim on Spitsbergen is the narrow and deep ice-valley Ginnungagap, and also a plain called Muspellvidda. Other names on Svalbard related to Norse mythology are Balderfonna, Brageneset, Glitnefonna, Idunfjellet, Ringhornet, Valhallfonna and Åsgardfonna.

Nordaustlandet
7920

Øy nordøst for Spitsbergen. Den nordøstligste av de store øyene på Svalbard, og også Svalbards nest største øy (14 467 km^2). Navnet er en oversettelse til norsk av eldre navn.

Island northeast of Spitsbergen, the second largest island in the Svalbard archipelago (14 467 km^2). The name is a translation into Norwegian of older names, meaning 'the northeastern island'.

Nordaustpynten
8020

Nes, østenden av Kongsøya. Det nordøstligste neset på Kongsøya.

Point on Kongsøya, the northeastern (Norw. nordaust-) point of the island.

Nordenskiöld Land
7829

Landområde på Spitsbergen, halvøy mellom Isfjorden, Bellsund og Van Mijenfjorden. Etter Adolf E. Nordenskiöld (se Nordenskiöldbreen).

Area on Spitsbergen, peninsula between Isfjorden, Bellsund and Van Mijenfjorden. After Adolf E. Nordenskiöld (see Nordenskiöldbreen).

Nordenskiöldbreen

7817

Bre på Spitsbergen, østafor Billefjorden. Breen er oppkalt etter Adolf E. Nordenskiöld (1832–1901), svensk geolog og arktisk utforsker, født i Finland. Nordenskiöld deltok i mange arktiske ekspedisjoner, til Svalbard og andre deler av nordområdene.

Glacier on Spitsbergen, east of Billefjorden.The glacier is named after Adolf E. Nordenskiöld (1832–1901), Swedish geologist and Arctic explorer, born in Finland. Nordenskiöld was member of several expeditions to Spitsbergen and other parts of the Arctic area.

Nordenskiöldbukta

8021

Bukt på Nordaustlandet, mellom Laponiahalvøya og Platenhalvøya på Nordaustlandet. Etter Adolf E. Nordenskiöld (se Nordenskiöldbreen).

Bay on Nordaustlandet, between Laponiahalvøya and Platenhalvøya. After Adolf E. Nordenskiöld (see Nordenskiöldbreen).

Nordenskiöldkysten

7713

Kyststrekning på Spitsbergen, mellom Bellsund og Isfjorden. Etter Adolf E. Nordenskiöld (se Nordenskiöldbreen).

Coastal area on Spitsbergen, between Bellsund and Isfjorden. After Adolf E. Nordenskiöld (see Nordenskiöldbreen).

Nordfjorden

7815

Fjordarm på Spitsbergen, på nordsida av Isfjorden. Den nordligste og største armen av Isfjorden.

Fjord on Spitsbergen, the northernmost branch of Isfjorden. From Norw. nord 'north'.

Nordkapp

8020

Nes på nordsida av Nordaustlandet. Sisteleddet -kapp (fra latin caput 'hode') brukes om høye nes. Nordkapp er også navnet på det nordligste punktet på Bjørnøya sørafor Svalbard-øyene. Men Nordkapp er ikke det nordligste punktet på Svalbard. Dette punktet ligger på Rossøya (80° 49′ 45″ N), den nordligste av Sjuøyane nordafor Nordaustlandet. Navnet Sørkapp (se dette) er laget som et motstykke til Nordkapp (eller vice versa).

Cape on Nordaustlandet, the northernmost point of the island. The last word -kapp (from Latin caput ' head') denominates tall points. Nordkapp – containing Norw. Nord-, 'north' – is also the name of the northernmost point of Bjørnøya south of the Svalbard archipelago. But Nordkapp is not the northernmost point of Svalbard. This point can be found on Rossøya (80° 49′ 45″ N), the northernmost island in the group Sjuøyane. The name Sørkapp ('the southern point') (see this) is formed in opposition to Nordkapp (or vice versa).

Nordkappsundet

8020

Sund mellom Laponiahalvøya og Sjuøyane, nordøst for Nordkapp. Navnet er dannet til Nordkapp på Nordaustlandet (se dette).

Strait between Laponiahalvøya and Sjuøyane, northeast of Nordkapp. The name is related to Nordkapp on Nordaustlandet (see this).

Nordmannsfonna

7818

Bre på Spitsbergen, i Sabine land, vestafor Storfjorden. Førsteleddet kan være ordet nordmann, i betydningen 'person fra Norge'.

Glacier on Spitsbergen, east of Storfjorden in Sabine Land. The name probably contains the Norw. appellative (rather than proprium) nordmann, meaning 'person from Norway'.

Nordneset
7828

Nes på nordvestenden av Kongsøya. Et beskrivende navn på dette neset.

Point in the northern part of Kongsøya. A descriptive name of this point.

Nordvestøyane
7911

Øygruppe ved nordvestenden av Spitsbergen. Øygruppen omfatter blant andre Indre og Ytre Norskøya.

Group of islands at the northwestern corner of Spitsbergen. The group includes Indre and Ytre Norskøya, 'the inner/outer Norwegian island'.

Norskebanken
8014

Grunt havområde nordafor Spitsbergen, nordafor Moffen. Navnet kan vise til at området først og fremst ble utnyttet av norske fiskere.

Bank north of Spitsbergen, north of Moffen. The name ('the Norwegian bank') may refer to frequent use by Norwegian fishermen.

Norskehavet
7513

Havområde mellom Jan Mayen, Sørkapp på Svalbard og Nordkapp på det norske fastland. Det er rimelig å tolke navnet som 'havområdet utafor Norge', eventuelt 'det norske havet'.

The sea between Jan Mayen, Svalbard and Norway. The name may be explained as 'the ocean outside Norway,' or 'the Norwegian ocean'.

Ny-Friesland
7917

Halvøy på Spitsbergen, mellom Wijdefjorden og Hinlopenstretet. Halvøya bærer et oppkallingsnavn, etter et område i Nederland.

Ny-Ålesund. © Gunn Håberget

Peninsula on Spitsbergen, between Wijdefjorden and Hinlopenstretet. The peninsula is named after a district in Holland.

Ny-Ålesund
7811

Tidligere gruvested, i dag internasjonalt forskningssted (2004: 40 innbyggere), på Spitsbergen, sørafor Kongsfjorden. Stedet ble navngitt av Kings Bay Kul Company A/S, som etablerte gruvedrift her i 1917, og som hadde sitt hovedkvarter i Ålesund.

Former mining community, today an international research village (2004: 40 inhabitants), on Spitsbergen, south of Kongsfjorden. The place was named by Kings Bay Kul Company A/S, which established mines here in 1917, and which was headquartered in the town of Ålesund (Norway).

Okstindane
7914

Fjellområde (opp til 1368 m) på Spitsbergen, østafor Woodfjorden. Fjellområdet er trolig oppkalt etter Okstindan i Nordland.

Mountain area (up to 1368 m) on Spitsbergen, east of Woodfjorden. The area is probably named after the mountains Okstindan in the county of Nordland, Norge.

Olav V Land
7819

Landområde på østsida av Spitsbergen, mellom Vaigattbogen og Ginevrabotnen. Etter Olav V (1903–91), konge av Norge 1957–91.

Area on the eastern side of Spitsbergen, between Vaigattbogen and Ginevrabotnen. After Olav V (1903–91), King of Norway 1957–91.

Olgastretet
7824

Havområde mellom Barentsøya og Kong Karls land. Området har navn etter Olga (1822–1902), dronning av Würtemberg. Hun var gift med Karl I, som er oppkalt ved Kong Karls land.

The sea between Barentsøya and Kong Karls Land. The sea is named after Olga (1822–1902), Queen of Würtemberg. She was married to Karl I, who is remembered in the name Kong Karls Land.

Olsokbreen
7616

Brefall med utløper ned i Stormbukta på Spitsbergen, nordafor Sørkapp. Navngitt av ei gruppe norske forskere som besøkte breen olsokaften (29. juli) 1920.

Glacier on Spitsbergen, in Sørkapp Land. Named by a group of Norwegian scientists who arrived at the glacier on Olsok Day (St. Olav's Day), July 29, 1920.

Orvin Land
8024

Område på nordøstsida av Nordaustlandet. Området er oppkalt etter den norske geologen Anders K. Orvin (1889–1980). Orvin var tilknyttet De norske svalbardekspedisjonene og Norges Svalbard- og Ishavs-undersøkelser, sjef for Norsk Polarinstitutt 1957–60. Han var også medlem av og leder for en rekke ekspedisjoner til Svalbard og Grønland i perioden 1913–36.

Area on the northeastern side of Nordaustlandet. The area was named after the Norwegian geologist Anders K. Orvin (1889–1980). Orvin was attached to the Norwegian Svalbard expeditions and Norges Svalbard- og Ishavs-undersøkelser, managing director of Norwegian Polar Institute 1957–60. He was also a member and leader of several expeditions to Svalbard and Greenland in the period 1913–36.

Oscar II Land
7811

Kystområde på Spitsbergen, mellom Kongsfjorden og Isfjorden. Etter Oscar II (1829–1907), konge av Sverige og Norge 1872–1905.

Area on Spitsbergen, between Kongsfjorden and Isfjorden. After Oscar II (1829–1907), King of Sweden and Norway 1872–1905.

Oslobreen
7917

Bre på Spitsbergen, fra østsida av Newtontoppen og ned mot Vaigattbogen. Breen er oppkalt etter Norges hovedstad, Oslo.

Glacier on Spitsbergen, from the eastern side of Newtontoppen and down to Vaigattbogen. The glacier is named after Oslo, the capital of Norway.

Otto Pettersonfjellet
7716

Fjellområde (opp til 1070 m) på Spitsbergen, østafor botnen av Van Keulenfjorden. Oppkalt etter den svenske kjemikeren og oseanografen Sven Otto Pettersson (1848–1941).

Mountain area (up to 1070 m) on Spitsbergen, east of Van Keulenfjorden. Named after the Swedish chemist and oceanographer Sven Otto Pettersson (1848–1941).

Oxfordhalvøya
7921

Halvøy på Nordaustlandet, innerst i Wahlenbergfjorden. Navngitt av George Binney, som var leder for to arktiske ekspedisjoner fra Universitetet i Oxford (England) i 1923 og 1924.

Peninsula on Nordaustlandet, at the head of Wahlenbergfjorden. Named by George Binney, who was the leader of two Arctic expeditions from the University of Oxford (England) 1923 and 1924.

Palanderbukta

7920

Bukt på Nordaustlandet, østafor Scaniahalvøya. Etter Adolf A.L. Palander af Vega (1842–1920), svensk sjøadmiral, utforsker og politiker, medlem av flere arktiske ekspedisjoner. Hans navn finnes også i Palanderbreen, -dalen, -fjellet, -isen og -øya. Se også Vegafonna.

Bay on Nordaustlandet, east of Scaniahalvøya. Named after Adolf A.L. Palander of Vega (1842–1920), Swedish naval officer, Arctic explorer and politician, member of several Arctic expeditions. His name is also found in Palanderbreen (glacier), -dalen (valley), -fjellet (mountain), -isen (glaciated area) and -øya (island). See also Vegafonna.

Parryøya

8020

Øy nordafor Nordaustlandet. Etter William E. Parry (1780–1855), engelsk sjøoffiser og utforsker. Øya er en del av øygruppen Sjuøyane. Rossøya i samme gruppe er også oppkalt etter et medlem av Parrys mislykkete ekspedisjon mot Nordpolen i 1927. Også andre navn på Svalbard knyttes til den samme ekspedisjonen: Beverlysundet (etter C.J. Beverly, skipslegen på ekspedisjonsskipet Hecla), Kapp Fanshawe (se dette), Crozierpynten (Crozier, ekspedisjonsmedlem, kartla og navngav stedet) og Fosterøyane (etter marineoffiser Henry Foster på Hecla). Se også Heclahuken.

Island north of Nordaustlandet. Named after William E. Parry (1780–1855), English naval officer and explorer. The island belongs to the group of small islands called Sjuøyane ('seven islands'). Rossøya in the same group is named after another member of Parrys unsuccessful expedition towards the North Pole 1927. Other names in Spitsbergen are related to the same expedition: Beverlysundet (after C.J. Beverly, surgeon of H.M.S. Hecla), Kapp Fanshawe (see this), Crozierpynten (Crozier, a member of the expedition, mapped and named the

Prins Karls Forland. © Gunn Håberget

point) and Fosterøyane (after the naval officer Henry Foster of H.M.S. Hecla). See also Heclahuken.

Paulabreen
7717

Bre på Spitsbergen, ved østenden av Van Mijenfjorden. Etter Paula (1871–?), gift med Richard R. von Barry, skipsfører ved prins Henry av Bourbons ekspedisjon til Spitsbergen og Novaja Semlja 1891 og 1892.

Glacier on Spitsbergen, at the head of Van Mijenfjorden. After Paula (1871–?), married to Richard R. von Barry, master of Prince Henry of Bourbon›s expedition to Spitsbergen and Novaya Zemlya 1891 and 1892.

Perriertoppen

7916

Fjell (1712 m) på Spitsbergen, østafor Austfjorden i Wijdefjorden. Etter Georges Perrier (18??–1946), fransk general.

Mountain (1712 m) on Spitsbergen, east of Austfjorden in Wijdefjorden. After Georges Perrier (18??–1946), French general.

Phippsøya

8020

Øy nordafor Nordaustlandet, den største i øygruppen Sjuøyane (se også dette). Etter den engelske sjøoffiseren Constantine J. Phipps (1744–92), leder for en ekspedisjon til Spitsbergen i 1773.

Island north of Nordaustlandet, the largest island in Sjuøyane (see also this). After The British naval officer Constantine J. Phipps (1744–92), leader of an expedition to Spitsbergen 1773.

Platenhalvøya

8022

Halvøy på Nordaustlandet, mellom Zorgdragerfjorden og Duvefjorden. Navngitt etter Kapp Platen (se dette), nordligste punktet på halvøya.

Peninsula on Nordaustlandet, between Zorgdragerfjorden and Duvefjorden. Named after Kapp Platen (see this), the northernmost point of the peninsula.

Plurdalen

7721

Dal på vestsida av Edgeøya, mellom Müllerberget og Burmeisterfjellet. Dalen har navn etter elva Plura, som igjen har sitt navn etter elva Plura i Rana, Nordland. Dette navnet kan henge sammen med ordet prula 'koke', og vise til fosser og stryk.

Valley on the western side of Edgeøya, between Müllerberget og Burmeisterfjellet. The valley is named after the river Plura, which again is named after the river Plura in Nordland, Norway. This name may be connected with the word prula, meaning 'boil', and it may refer to waterfalls and runs.

Polhavet
8021

Havområde nordafor Svalbard. Det isdekte havområdet rundt polpunktet.

The ice-covered ocean area ('the Polar ocean') around the North Pole.

Poolepynten
7811

Nes på østsida av Prins Karls Forland, sørøst for Hardiefjellet. Etter den engelske hvalfangeren Jonas Poole, som besøkte Spitsbergen jevnlig på første del av 1600-tallet.

Point on the eastern side of Prins Karls Forland, southeast of Hardiefjellet. After the English whaler Jonas Poole, who visited Spitsbergen several times in the first part of the 17th century.

Prins Karls Forland
7811

Øy vestafor Spitsbergen, den vestligste av Svalbard-øyene (615 km²). Etter Charles (Karl) I (1600–49), konge av Storbritannia og Irland 1625–49. Ordet forland kan vise til at den lange og delvis flate øya ligger foran Spitsbergen, sett fra havet i vest.

Island west of Spitsbergen, the westernmost island in the Svalbard archipelago (615 km²). After Charles (Karl) I (1600–49), King of Great Britain and Ireland 1625–49. The word forland may be explained by the fact that the long and (partially) flat island lies in front of (cf. Norw. 'foran') Spitsbergen, seen from the ocean in west.

Prins Oscars Land
8022

Område på Nordaustlandet, på halvøya mellom Nordenskiöldbukta og Duvefjorden. Etter prins Oscar (1829–1907), seinere kong Oscar II, konge av Sverige og Norge 1872–1905. Oscar II Land er også oppkalt etter ham.

Area on Nordaustlandet, between Nordenskiöldbukta and Duvefjorden. After Prince Oscar (1829–1907), later Oscar II, King of Sweden and Norway 1872–1905. Oscar II Land is also named after him.

Pyramiden. © Gerd-Elin Aune

Protektorfjellet
7813

Fjell (849 m) på Spitsbergen, på nordsida av innløpet til Isfjorden. Navnet kan forklares av det engelske ordet protector, 'vern'. Fjellet verner fjorden mot vestaværet fra havet.

Mountain (849 m) on Spitsbergen, north of Isfjorden. The name be explained by the English word protector, meaning 'protection'. The mountain protects the fjord against western winds from the ocean.

Pyramiden
7816

Russisk gruvested (nedlagt 2000) på Spitsbergen, på vestsida av Billefjorden. Stedet har navn etter det pyramideformete fjellet (935 m) ovenfor stedet.

Russian settlement (abandoned 2000) on Spitsbergen, on the western side of Billefjorden. The place is named after the strange angular mountain (935 m) that looms over the place.

Raudfjellet

7715

Fjell (1014 m) på Spitsbergen, mellom Bellsund og Hornsund. Mulig navngitt etter en rød bergart.

Mountain (1014 m) on Spitsbergen, between Bellsund and Hornsund. Probably named after red-coloured rocks.

Raudfjorden

7912

Fjord nær nordvestenden av Spitsbergen. Navnet forklares av den rødfargete berggrunnen langs østsida av fjorden.

Fjord on the northern coast of Spitsbergen. Probably named after the red-coloured rocks along the eastern side of the fjord.

Recherchebreen

7714

Brefall på Spitsbergen, i enden av Recherchefjorden. Breen har navn etter Recherchefjorden (se dette).

Glacier on Spitsbergen, in the northern part of edel Jarlsberg Land. The glacier is named after Recherchefjorden (see this).

Recherchefjorden

7714

Fjord på Spitsbergen, på sørsida av Bellsund. Etter korvetten La Recherche som førte en fransk ekspedisjon til Nord-Norge og arktiske områder 1838–40. Flere steder er oppkalt etter ekspedisjonsmedlemmer (Bravaisberget, Boeckøya, Lilliehöökbreen, Marmierfjellet,

Siljeströmkammen og Sundevallfjellet). Detaljerte tegninger fra turen har bidratt til å holde minnet om ekspedisjonen levende.

Fjord on Spitsbergen, on the southern side of Bellsund. After the corvette La Recherche, which carried a French expedition to North-Norway and Spitsbergen 1838–40. Several places are named after members of the expedition (Bravaisberget, Boeckøya, Lilliehöökbreen, Marmierfjellet, Siljeströmkammen og Sundevallfjellet). Detailed drawings from the journey have preserved the story of the expedition.

Reindalen
7716

Dal på Spitsbergen, på nordsida av Van Mijenfjorden, innafor Kaldbukta. Navn etter reinsdyr. Reindalen utgjør det klart største området med sammenhengende frodig tundravegetasjon på øygruppen, og området ble vernet i 2003.

Valley on Svalbard, north of Van Mijenfjorden. Named after reindeers. Reindalen was established as a protected area in 2003. This is the largest single area of continuous rich tundra vegetation on Svalbard.

Reinsdyrflya
7913

Sletteområde på Spitsbergen, på halvøya vestafor innløpet til Woodfjorden. Et oversatt navn, av det nederlandske Reenevelt (1660).

Plain on Spitsbergen, on the peninsula west of Woodfjorden. A translated name ('reindeer plain'), from Dutch Reenevelt (1660).

Repøyane
8024

To øyer østafor innløpet til Duvefjorden. Etter den nederlandske hvalfangeren Outger Rep van Ootzaan, som publiserte et kart over Spitsbergen ca. 1710 (sammen med Giles).

Two islands (Søre ('southern') Repøya and Nordre ('northern') Repøya) off the inlet to Duvefjorden, Nordaustlandet. After the Dutch whaler Outger Rep van Ootzaan, who published a map of Spitzbergen ca. 1710 (together with Giles).

La Recherche. © Tromsø Museum

Reuschhalvøya
7911

Halvøy på Spitsbergen, mellom Magdalenefjorden og Smeerenburgfjorden. Etter Hans H. Reusch (1852–1922), norsk geolog, direktør for Norges Geologiske Undersøkelser 1888–1921.

Peninsula on Spitsbergen, between Magdalenefjorden and Smeerenburgfjorden. After Hans H. Reusch (1852–1922), Norwegian geologist, managing director of the Geological Survey of Norway 1888–1921.

Reuterskiöldfjellet

7816

Fjell (1029 m) på Spitsbergen, vestafor Billefjorden. Fjellet er oppkalt etter Adam Reuterskiöld (1890–?), svensk medlem av en Spitsbergen-ekspedisjon i 1917.

Mountain (1029 m) on Spitsbergen, west of Billefjorden. The mountain is named after Adam Reuterskiöld (1890–?), Swedish member of an expedition to Spitsbergen 1917.

Revnosa

7818

Nes på Spitsbergen, mellom Agardhbukta og Storfjorden. Norsk tilpassing av det engelske navnet Fox nose (1625).

Point on Spitsbergen, between Agardhbukta and Storfjorden. A Norwegian adaptation of the English name Fox Nose (1625).

Rijpdalen

7922

Dal på Nordaustlandet, innafor Rijpfjorden. Etter Jan C. Rijp (se Rijpfjorden).

Valley on Nordaustlandet, at the head of Rijpfjorden (see this).

Rijpfjorden

8022

Fjord på nordkysten av Nordaustlandet. Fjorden er navngitt etter Jan C. Rijp (ca. 1570–?), nederlandsk kaptein og los. Han deltok i flere arktiske ekspedisjoner, blant annet ved Barentsz' besøk på Svalbard i 1596. Rijpbreen, -dalen, -elva og -sletta er også oppkalt etter ham.

Fjord on ther northern coast of Nordaustlandet. The fjord was named after Jan C. Rijp (ca. 1570–?), Dutch captain and navigator. He was a member of several Arctic expeditions, also in 1596 when Barentsz visited Spitsbergen. Rijpbreen (glacier), -dalen (valley), -elva (river) and -sletta (plain) are also named after him.

Ringhornet
7916

Fjell (910 m) på Spitsbergen, på østsida av Wijdefjorden. I norrøn mytologi er Ringhorne navn på Balders skip. Balder ble brent på dette skipet etter sin død. Ringhornet er ett av mange navn på begge sider av Hinlopenstretet som er hentet fra mytologien. Andre navn er Balderfonna, Brageneset, Glitnefonna, Idunfjellet, Nivlheim, Valhallfonna og Åsgardfonna.

Mountain (910 m) on Spitsbergen, east of Wijdefjorden. In Norse mythology, Ringhorne is the ship of the god Balder. After his death, Balder was burned in his ship. Ringhornet is one of many names on both sides of Hinlopenstretet which are drawn from Norse mythology. Other names are Balderfonna, Brageneset, Glitnefonna, Idunfjellet, Nivlheim, Valhallfonna and Åsgardfonna.

Risefjella
7913

Fjellområde (opp til 1308 m) på Spitsbergen, vestafor Woodfjorden. Norsk oversettelse av det tyske navnet (1908) Riesen-Berg ('kjempefjell').

Mountain area (up to 1308 m) on Spitsbergen, west of Woodfjorden. A translation into Norwegian of the German name (1908) Riesen-Berg ('the giant's mountains').

Rivalensundet
7827

Sund mellom Svenskøya og Kongsøya. Den norske selfangstskuta Rivalen – en galeas – var den første som seilte gjennom sundet (1889).

Sound between Kongsøya and Svenskøya. The Norwegian sealing ship Rivalen – a galeas – was the first to sail through the sound 1889.

Rjurikfjellet
7718

Fjell (626 m) på Spitsbergen, vestafor Agardhbukta. Fjellet kan ha navn etter Rjurik (830–879?), en legendarisk kriger (og prins) av normannisk herkomst, som etter det tradisjonen forteller, var grunnleggeren av det russiske imperiet i Novgorod. En svensk dampbåt som ble brukt til transportoppdrag på Svalbard for russere såvel som for den svensk-russiske gradmålingsekspedisjonen 1899–1902, bar også dette navnet. Andre stedsnavn med samme navn er Rjurikaksla, -breen og -dalen.

Mountain (626 m) on Spitsbergen, west of Agardhbukta. The mountain may be named after Rurik (830–879?), Norman warrior (and prince), the legendary founder of the first Russian state (empire) of Novgorod. The name Rurik was also used on a Swedish vessel used for transports by the Russians as well as the Swedish-Russian Arc-of-Meridian Expedition 1899–1902. Other names containing the same element are Rjurikaksla, -breen and -dalen.

Roosfjella
7913

Fjellområde (opp til 765 m) på Spitsbergen, mellom Liefdefjorden og Woodfjorden. Etter Adolf W. Roos (1824–95), svensk embetsmann og generalpostmester. Det svenske postverket lånte ut dampskipet Sofia til to arktiske ekspedisjoner. Andre steder oppkalt etter samme mann er Roosflya og -neset.

Mountain area (up to 765 m) on Spitsbergen, between Liefdefjorden and Woodfjorden. The area is named after Adolf W. Roos (1824–95), Swedish government official, postmaster general. The Swedish Mail Department lent its steamer Sofia to two Arctic expeditions. Other places named after the same man are Roosflya (plain) and -neset (point)

Ruggen
7915

Fjell (1210 m) på Spitsbergen, på østsida av Woodfjorddalen. Navnet kan være et sammenligningsnavn, og inneholde ordet rugg 'stort, kraftig menneske eller dyr'.

Mountain (1210 m) on Spitsbergen, east of Woodfjorddalen. Navnet ('the thumber') is probably given as a comparison.

Russebukta
7721

Bukt på vestsida av Edgeøya, nordafor Kvalpynten. Den russiske delen av den svenskrussiske gradmålingsekspedisjonen til Spitsbergen 1899–1902 hadde sin grunnlinje på sletteområdet innafor bukta.

Bay in the western part of Edgeøya, north of Kvalpynten. The Russian division of the Swedish-Russian Arc-of-Meridian Expedition to Spitsbergen 1899–1902 had its base line on the plain at the head of the bay.

Ryke Yseøyane
7725

Øygruppe østafor Edgeøya. Etter den nederlandske hvalfangeren Ryke Yse (Ryke Yzesz.), som oppdaget øyene rundt 1640–45.

Group of small islands east of Edgeøya. After the Dutch whaler Ryke Yse (Ryke Yzesz.) who discovered the islands about 1640–45.

Rønnbeckøyane
7821

Øygruppe sørøst for Wilhelmøya, ved sørenden av Hinlopenstretet. Etter Nils F. Rønnbeck (1814–91), selfangstskipper fra Hammerfest. Hver øy i øygruppen har navn etter fremstående norske selfangstskippere som deltok i utforskingen av Arktis (Carlsen, Qvale, Mack, Tobiesen, Simonsen, Nedrevåg, Torkildsen og Isaksen).

Group of islets east and southeast of Wilhelmøya in Hinlopenstretet. After Nils F. Rønnbeck (1814–91), a Norwegian sealing skipper, of Hammerfest. Every islet in the group is named after distinguished Norwegian sealing skippers who participated in the exploration of the Arctic (Carlsen, Qvale, Mack, Tobiesen, Simonsen, Nedrevåg, Torkildsen and Isaksen).

Rørosfjellet
7814

Fjell (1065 m) på Spitsbergen, nordafor Ekmanfjorden. Etter gruvebyen Røros i Sør-Trøndelag.

Mountain (1065 m) on Spitsbergen, north of Ekmanfjorden. After Røros, mining town in Sør-Trøndelag, Norway.

Sabine Land
7817

Område på Spitsbergen, mellom Tempelfjorden og Storfjorden. Etter Edward Sabine (1788–1883), irsk (britisk) artillerigeneral, astronom, vitenskapsmann, ornitolog og utforsker. I 1826 foreslo Sabine å foreta en gradmåling på Spitsbergen. Et russisk-svensk prosjekt i årene 1899–1902 realiserte Sabines idé. Andre steder som er oppkalt etter samme mann, er Sabineberget, -breen, -bukta, -haugen, -odden og -øyane.

Area on Spitsbergen, between Tempelfjorden and Storfjorden. After Edward Sabine (1788–1883), Irish British) artillery general, astronomer, scientist, ornithologist and explorer. In 1826, Sabine put forward the idea of measuring an arc-of-meridian in Spitsbergen. A Russian-Swedish project 1899–1902 succeeded in realizing Sabine›s idea. Other places named after the same man are Sabineberget (cliff), -breen (glacier), -bukta (bay), -haugen (hill), -odden (point) and -øyane (islands).

Salpynten
7812

Nes på sørspissen av Prins Karls Forland. Et sammenligningsnavn, som viser til Salfjellet like i nærheten. Etter Qvigstad (1927:23) ser fjellet ut som en ridesal, sett på avstand.

Peninsula on the southern point of Prins Karls Forland. The name of the point is given in relation to the mountain Salfjellet ('the saddle mountain') nearby, referring to its shape (Qvigstad 1927:23).

Sarstangen
7811

Nes på Spitsbergen, på østsida av Forlandssundet. Etter Michael Sars (1805–69), norsk zoolog, professor ved Universitetet i Oslo.

Point on Spitsbergen, on the eastern side of Forlandssundet. After the Norwegian zoologist Michael Sars (1805–69), professor at the University of Oslo.

Sassendalen
7817

Dal på Spitsbergen, på sørsida av Sassenfjorden. Dalen har navn etter Sassenfjorden (se dette).

Valley on Spitsbergen, on the southern side of Sassenfjorden. The valley is named after Sassenfjorden (see this).

Sassenfjorden
7816

Fjord på Spitsbergen, østlig arm av Isfjorden. Fjordnavnet har trolig nederlandsk opphav (jf 1710 Sassele of Sassen Bay), kanskje av et nederlandsk ord med innholdet 'sluse', her i en videre betydning 'havn'.

Part of Isfjorden on Spitsbergen. The name of the fjord is probably of Dutch origin (cf. 1710 Sassele of Sassen Bay), maybe from a Dutch word with the content 'sluice,' here with a broader meaning 'harbour.' The origin is unclear.

Scaniahalvøya
7920

Halvøy på Nordaustlandet, mellom Hinlopenstretet og Palanderbukta. Halvøya har navn etter det svenske landskapet Skåne. Andre halvøyer på Nordaustlandet med svenske landskapsnavn er Botniahalvøya (jf Västerbotten og Norrbotten), Gotiahalvøya (jf Götaland) og Laponiahalvøya (jf Lappland).

Peninsula on Nordaustlandet, between Hinlopenstretet and Palanderbukta. The peninsula is named after the Swedish landscape Skåne. Other peninsulas at Svalbard named after Swedish landscapes are Botniahalvøya (cf. Västerbotten and Norrbotten), Gotiahalvøya (cf. Götaland) and Laponiahalvøya (cf. Lappland).

Schneiderberget
7722

Fjell på Edgeøya, på østsida av Tjuvfjorden. Etter Hans J.S. Schneider (1853–1918), norsk zoolog, konservator ved Tromsø Museum. Schneider studerte materiale fra arktiske områder, blant annet hval.

Mountain on Edgeøya, east of Tjuvfjorden. After Hans J.S. Schneider (1853–1918), Norwegian zoologist, curator at the museum at Tromsø. He worked up material from Arctic regions, especially from whales.

Schweigaardbreen
8024

Bre på Nordaustlandet, i Orvin Land, innafor Albertinibukta. Breen er oppkalt etter Anton M. Schweigaard (1808–70), norsk jurist og politiker, professor ved Universitetet i Oslo.

Glacier on Nordaustlandet, in Orvin Land, debouching into Albertinibukta. The glacier is named after Anton M. Schweigaard (1808–70), Norwegian jurist and politician, professor at the University in Oslo.

Schweinfurthberget
7821

Fjell (590 m) på østsida av Barentsøya. Etter Georg A. Schweinfurth (1836–1925), tysk vitenskapsmann og Afrika-utforsker. En annen tysk utforsker, Thomas von Heuglin, besøkte Spitsbergen i 1870 og navngav en rekke steder etter tyske Afrika-utforskere.

Mountain (590 m) on the eastern side of Barentsøya. After Georg A. Schweinfurth (1836–1925), German scientist and African explorer. Another German explorer, Thomas von Heuglin, visited Spitsbergen in 1870 and named a number of localities after German explorers of Africa.

Scoresbyøya
8021

Øy i Nordenskiöldbukta, nordafor Nordaustlandet. Øya har navn etter William Scoresby jr. (1789–1857), engelsk hvalfanger, vitenskapsmann og teolog.

Island in Nordenskiöldbukta, north of Nordaustlandet. The island is named after William Scoresby Jr. (1789–1857), English whaler, scientist, and clergyman.

Scott Keltiefjellet

7914

Fjell (1367 m) på Spitsbergen, i Andrée Land. Fjellet har navn etter John Scott Keltie (1840–1927), skotsk geograf, sekretær i The Royal Geographical Society i London 1892–1915.

Mountain (1367 m) on Spitsbergen, in Andrée Land. The mountain is named after John Scott Keltie (1840–1927), Scottish geographer, secretary to the Royal Geographical Society in London 1892–1915.

Seidfjellet

7915

Fjell (1165 m) på Spitsbergen, på vestsida av Wijdefjorden. Førsteleddet kan inneholde det gamle norske ordet seid, med betydningen 'trolldom'.

Mountain (1165 m) on Spitsbergen, west of Wijdefjorden. The name may contain an old Norwegian word seid, meaning 'sorcery, witchcraft' ('the sorcery mountain').

Selanderneset

7919

Nes på Nordaustlandet, på nordvestenden av Scaniahalvøya. Etter den svenske astronomen Nils Selander (1804–70).

Headland on Nordaustlandet, on the northwestern side of Scaniahalvøya. After the Swedish astronomer Nils Selander (1804–70).

Sjubrebanken

7909

Sjøområde vestafor Spitsbergen, vestafor Albert I Land. Området har navn etter Sjubreen, den nordligste av sju isbreer langs kysten av Albert I Land (jf Dei sju isfjella).

Sea area outside the northwestern coast of Spitsbergen west of Albert I Land. The area is named after Sjubreen, the northernmost glacier of seven along the coast of Albert I Land (cf. Dei sju isfjella).

Sjuøyane
8020

Øygruppe nordafor Nordaustlandet. Gruppe av sju øyer (Martensøya, Nelsonøya, Parryøya, Phippsøya, Rossøya, Tavleøya og Vesle Tavleøya). Det nordligste punktet på Svalbard ligger på Rossøya (80° 49′ 45″ N).

Group of islands north of Nordaustlandet. The group consists of seven islands (Norw. sju 'seven'): Martensøya, Nelsonøya, Parryøya, Phippsøya, Rossøya, Tavleøya and Vesle Tavleøya. The northernmost point of Svalbard is found on Rossøya (80° 49′ 45″ N).

Skansen
7816

Fjell (559 m) på Spitsbergen, på vestsida av Billefjorden. Den festningslignende og lagdelte fjellformasjonen ovafor fjorden er opphav til dette navnet.

Mountain (559 m) on Spitsbergen, on the western side of Billefjorden. A fortress-like cliff, the shape of a redoubt, explains the name.

Skolten
7816

Fjell (1128 m) på Spitsbergen, sørafor Adventdalen. Norsk tilpasning av det engelske navnet Baldhead (1897) ('skallet hode' el 'skallet person').

Mountain (1128 m) on Spitsbergen, south of Adventdalen. A Norwegian adaptation of the English name Baldhead (1897).

Smeerenburgfjorden
7911

Liten fjord nær nordvestenden av Spitsbergen. Fjorden har navn etter den nederlandske hvalfangststasjonen Smeerenburg ('oljebyen', av nederl. smeer, 'fett, olje') på sørøstenden av Amsterdamøya. Stasjonen ble opprettet i 1617. Den regulære bosetningen her ble oppgitt kort tid etter 1642.

Fjord in the northwestern part of Spitsbergen. The fjord is named after the old Dutch whaler›s camp Smeerenburg ('blubber town', from Dutch smeer, 'blubber, grease') on the southeastern

Skansen. © Gerd-Elin Aune

cape of Amsterdamøya. Smeerenburg was founded in 1617. The regular settlement was abandoned soon after 1642.

Snauheia
7821

Fjellområde (opp til 434 m) på Edgeøya, østafor Kapp Lee. Navnet beskriver et nakent fjellområde.

Mountain area (up to 434 m) east of Kapp Lee. A descriptive name (Norw. snau, 'naked, empty') of a barren mountain area.

Snøtoppen
8019

Fjell (620 m) på Nordaustlandet, på Laponiahalvøya, østafor innløpet til Brennevinsfjorden. Et beskrivende navn på en snødekt topp.

Mountain on Spitsbergen, east of the entrance to Brennevinsfjorden. The name describes a snow-covered mountain.

Sommerfeldtbukta
7616

Bukt på Spitsbergen, nordafor Sørkappøya. Bukta er oppkalt etter Søren Chr. Sommerfeldt (1794–1838), norsk prest og botaniker. Han undersøkte og beskrev botanisk materiale som ble brakt til Norge fra dette området.

Bay on Spitsbergen, north of Sørkappøya. The bay is named after Søren Chr. Sommerfeldt (1794–1838), Norwegian clergyman and botanist. He described botanical material brought home from this area.

Sonklarbreen
7820

Bre på Spitsbergen, nordvest for Ginevrabotnen. Breen er oppkalt etter Karl A. Sonklar Edler von Innstädten (1816–85), østerriksk offiser og geograf.

Glacier on Spitsbergen, northwest of Ginevrabotnen. The large glacier is named after Karl A. Sonklar Edler von Innstädten (1816–85), Austrian offiser and geographer.

Sorgfjorden
7916

Fjord på nordsida av Spitsbergen, østafor Verlegenhuken. Etter tradisjonen (noe usikker) skal fjorden ha navnet sitt etter ei hending som skal ha funnet sted der i 1693, i den franske kongen Ludvig 14. regjeringstid, og som et ledd i hans politiske aktivitet. 3 franske krigsskip angrep 40 nederlandske hvalbåter i fjorden. 13 båter ble oppbrakt, resten unnslapp. Det er også mulig at fjorden har navn etter en rekke graver (med årstall fra 1640 til 1738, jf. Wieder 1919:1). Fjorden er omdøpt, fra Beere Bay (1660, 'bjørnfjorden'), via Treurenburg (1710, jf tysk treuren 'sørge'), til Sorgfjorden.

Fjord on Spitsbergen, east of Verlegenhuken. According to tradition, the fjord ('the fjord of sorrow') may be named after a catastrophe in 1693, during the reign of the French King Louis XIV, and as a part of his political plans. 40 Dutch whalers in the fjord were attacked by 3 French men-of-war, and 13 Dutch ships were captured. It is also possible that the fjord has been named after the many graves (with dates from 1640 to 1738, cf. Wieder 1919:1). The fjord has been renamed, from Beere Bay (1660, 'the bear bay'), via Treurenburg (1710, cf. German treuren 'mourn'), to Sorgfjorden ('fjord of sorrow').

Sparreneset
7918

Nes på Nordaustlandet, sørafor Murchisonfjorden. Etter Gustaf A.V. Sparre (1802–86), svensk politiker og embetsmann.

Point on Nordaustlandet, south of Murchisonfjorden. After Gustaf A.V. Sparre (1802–86), Swedish politician and government official.

Spitsbergen
7813

Øy, den vestligste og største av de store Svalbardøyene (37 814 km^2). Navnet Spitsbergen nevnes første gang i Barentsz' loggbok fra 1596, der det refererer til skarpe fjellformasjoner på den øya som i dag kalles Spitsbergen. Navnet ble inntil 1925 brukt om såvel denne største øya som hele øyriket. I perioden 1925–69 ble øya kalt Vestspitsbergen for å tydeliggjøre referansen. Etter 1969 er muligheten for sammenblanding avtatt ved at navnet Spitsbergen bare brukes om øya, mens hele øygruppen kalles Svalbard (se dette).

Island, the largest of an Arctic group of islands situated north of Norway (37 814 km^2), and the westernmost of the large islands in the group. The name Spitsbergen was first mentioned in Barentsz's journal from 1596, referring to sharply peaked mountains on the island which today is called Spitsbergen. Before 1925, the name Spitsbergen applied both to this largest island as well as to the whole archipelago. In the period 1925–69, the island was called Vestspitsbergen (West-Spitsbergen), in order to distinguish it. After 1969 the potential for confusion was reduced by using the name Spitsbergen only for the island, while the whole archipelago was – and is – called Svalbard (see this).

Spitsbergenbanken
7420

Grunt havområde mellom Bjørnøya og Edgeøya. Havområdet har navn etter Spitsbergen (se dette).

Submarine plateau between Bjørnøya and Edgeøya. The area is named after Spitsbergen (see this).

Sporen
7716

Fjell (1075 m) på Spitsbergen, østafor Van Keulenfjorden. Mulig sammenlikning med spore 'klo; takket hjul på ridestøvel'. Fjellet ligger mellom Doktorbreen og Liestølbreen. Den noe lavere nordenden av fjellet (Sporeskuten) strekker seg inn mellom Systerbreen og Sporebreen.

Mountain (1075 m) east of Van Keulenfjorden. The name probably contains Norw. spore 'spur', referring to the shape. The mountain is located between the glaciers Doktorbreen and Liestølbreen, and a lower part of it (Sporeskuten) is projecting northwards from Sporen, between Systerbreen and Sporebreen.

St. Jakobsbukta
7724

Bukt i brekanten på østsida av Edgeøya. Bukta har trolig navn etter apostelen Jakob (den eldre), pilegrimenes skytshelgen.

Bay on the eastern side of Edgeøya. The bay is probably named after the apostle Jacob, patron saint of pilgrims.

St. Jonsfjorden
7812

Fjord på Spitsbergen, på østsida av Forlandsundet. Etter Sankt Jon (Johannes), apostel og evangelist. Førsteleddet i navnet ble trolig gitt av nederlendere tidlig på 1600-tallet (St. Jans Haven 1621).

Fjord on Spitsbergen, on the eastern side of Forlandsundet. The fjord is named after St. John, apostle and evangelist. The name probably dates back to the early 17th century (St. Jans haven 1621).

Steinhauserfjellet
7820

Fjell på Spitsbergen, vestafor Kapp Payer, nordafor Ginevrabotnen. Etter Anton Steinhauser (1802–90), østerriksk matematiker og geograf.

Mountain on Svalbard, west of Kapp Payer. After Anton Steinhauser (1802–90), Austrian mathematician and geographer.

Stonebreen
7724

Bre på østsida av Edgeøya. Denne store breen danner østsida av Edgeøyjøkulen og ender i havet. Navnet viser trolig til en person ved navn Stone, som kan ha vært en ansatt i Muscovy Company i London (jf Stones Forland 1625).

Glacier on the eastern side of Edgeøya. This big glacier forms the eastern part of the glacier Edgeøyjøkulen, ending in the sea. The name probably refers to a person named Stone, who may have been an employee of the Muscovy Company, London (cf. Stones Forland 1625).

Stonepynten
7724

Nes på Edgeøya, nordøstenden av Stonebreen. Isneset har trolig navn etter en person (se Stonebreen).

Ice point on the glacier Stonebreen on Edgeøya (see Stonebreen).

Storbreen
7716

Bre på Spitsbergen, nordafor Hornsund. Denne breen løper sammen med Hornbreen innerst i Hornsund.

Glacier on Spitsbergen, north of Hornsund. This glacier – 'the large glacier' – debouches together with the glacier Hornbreen into the inner part of Hornsund.

Storerinden
7722

Område på Edgeøya, mellom Diskobukta og Blåfjorden. Navnet viser til et høytliggende bergområde (rinde = bergrygg) nordafor breen Storskavlen.

Area on Edgeøya, between Diskobukta and Blåfjorden. The name refers to the mountain ridge (Norw. rinde) on the northern side of the glacier Storskavlen.

Storfjordbanken
7620

Grunt havområde sørøst for Storfjorden, mellom Edgeøya og Hopen. Området har navn etter den breie og lange Storfjorden som skiller Spitsbergen fra Barentsøya og Edgeøya.

Shallow part of the sea southeast of Storfjorden, between Edgeøya and Hopen. The area is named after the wide and long fjord Storfjorden between Spitsbergen and Barentsøya and Edgeøya.

Storfjorden
7617

Fjord mellom Spitsbergen (vest) og Edgeøya og Barentsøya (øst). Vid og lang fjord – om lag 200 km lang, og 150 km brei ved innløpet.

Fjord between Spitsbergen (west), and Edgeøya and Barentsøya (east). Large, open fjord – Norw. stor 'large' – 200 km long, 150 km wide at the mouth.

Storfjordrenna
7617

Renne i havbotnen mellom Sørkapp og Spitsbergenbanken, i forlengelsen av Storfjorden. Renna har navn etter fjorden (se Storfjorden).

Deep submarine channel between Sørkapp and Spitsbergenbanken, leading into Storfjorden (see this).

Stormbukta

7616

Bukt på Spitsbergen, mellom Sørkapp og Hornsund. Etter Erik Storm (1904–36), norsk flyger, assisterte ved flere arktiske ekspedisjoner. Bukta ligger utsatt til for østlig vind.

Bay on Spitsbergen, between Sørkapp and Hornsund. After Erik Storm (1904–36), Norwegian airman, assistant to several Arctic expeditions. The bay is exposed to violent easterly storms.

Storskavlen

7722

Bre på Edgeøya, østafor Diskobukta. Navnet viser til ei større snøfonn, men stedet er også oppkalt etter en norsk bre.

Glacier on Edgeøya, east of Diskobukta. The name refers to a large (Norw. stor 'large') snowdrift, but the place is also named after a glacier in Norway.

Storsteinhalvøya

8018

Halvøy på vestsida av Nordaustlandet, mellom Murchisonfjorden og Franklinsundet. Navnet viser trolig til en enkelt stor stein, eller til store steiner eller berg som preger landskapet på halvøya (Grote steen 1710).

Peninsula on Nordaustlandet, between Murchisonfjorden and Franklinsundet. The name may refer to a single big stone, or to several big stones or rocks which characterize the peninsula (Grote steen 1710).

Storvika

7714

Bukt på Spitsbergen, sørafor Bellsund. Et beskrivende navn på ei brei bukt.

Bay on Spitsbergen, south of Bellsund. A descriptive name of a large bay (Norw. stor 'large').

Storøya
8028

Øy østafor Nordaustlandet, utafor Kapp Laura. Forholdsvis høg øy (Een Groot hoog Eyland 1710).

Island north of Nordaustlandet, off Kapp Laura. Rather high island (Een Groot hoog Eyland 1710).

Storøysundet
8027

Sund mellom Nordaustlandet (Kapp Laura) og Storøya. Navnet er gitt i forhold til Storøya (se dette).

Sound between Nordaustlandet and Storøya. Named after Storøya (see this).

Strongbreen
7717

Bre på Spitsbergen, ovafor Kvalvågen. Etter den tyske konsul i Hellas Frederick K. Strong (d. 1877), som interesserte seg for og støttet geografiske prosjekt.

Glacier on Spitsbergen, debouching into Kvalvågen. After Frederick K. Strong (d. 1877), German consul in Athens for Hannover and Bavaria, who showed an interest in Arctic expeditions.

Svalbard

Fellesnavn for alle øyene i Nordishavet som ble underlagt norsk overhøyhet ved Paris-traktaten 9. februar 1920 (signert 1925). Området omfatter de større øyene Spitsbergen, Nordaustlandet, Edgeøya, Barentsøya, Kvitøya, Prins Karls Forland, Kong Karls Land, Hopen og Bjørnøya, samt mange mindre øyer, holmer og skjær. Navnet Svalbard opptrer første gang i islandske annaler (årbøker) i 1194, men det er usikkert om det her viser til dagens Svalbard (se innledningskapitlet). Navnet kan forstås som 'kald kant, kyst'.

Group name of all the islands in the Arctic Ocean which were placed under Norwegian sovereignty by the Treaty of Paris of February 9, 1920 (ratified 1925). The archipelago comprises the islands Spitsbergen, Nordaustlandet, Edgeøya, Barentsøya, Kvitøya, Prins Karls Forland, Kong Karls Land, Hopen and Bjørnøya, in addition to numerous small islands, islets and skerries. The name Svalbard is mentioned for the first time in Icelandic yearbooks (annales) 1194, but the reference is not quite clear. The name may be understood as 'cold border, coast'.

Svartknausflya
7922

Område på Nordaustlandet, nordafor Vibebukta. Navnet på dette kystplatåområdet viser til Svartknausane, små doleritthauger på Giæverneset vest i området.

Area on Nordaustlandet, north of Vibebukta. The name of this coastal plain refers to dolerite hillocks on the point Giæverneset west of the area.

Svartpiggen
7913

Fjelltopp (1328 m) på Spitsbergen, sørafor Woodfjorden. Et beskrivende navn på en svart spiss fjelltopp.

Mountain (1328 m), south of Woodfjorden. A descriptive name of a black mountain peak.

Svartstupa
7916

Fjellside (opp til 739 m) på Spitsbergen, på østsida av Wijdefjorden. Bratt fjellside, med stup.

Steep mountain side (up to 739 m) on Spitsbergen, on the east side of Wijdefjorden. Norw. stup denotes a cliff, precipice.

Sveabreen
7814

Bre på Spitsbergen, vestafor Nordfjorden. Breen har navn etter Svea, en gammel betegnelse for Sverige.

Glacier on Spitsbergen, west of Nordfjorden. The glacier is named after Svea, an old name of Sweden.

Sveagruva
7716

Norsk gruvested på Spitsbergen (2004: 210 innbyggere), ved nordøstenden av Van Mijenfjorden. Gruvedriften ble åpnet og drevet av Svenska Stenkolsaktiebolaget Spetsbergen

1917–25, og gruva ble kalt Svea, etter et gammelt navn på Sverige. Svea heter også en av toppene i fjellgruppen Tre kroner (se dette).

Norwegian mining settlement on Spitsbergen (2004: 210 inhabitants), at the northeastern end of Van Mijenfjorden. The mines, which were formerly owned by Svenska Stenkolsaktiebolaget Spetsbergen, were operated by the Swedes 1917–25, and are named after Svea, an old name of Sweden. Svea is also the name of a mountain in the group Tre kroner (see this).

Svenskøya

7826

Øy i øygruppen Kong Karls land. En oversettelse og tilpasning av det tyske navnet Schwedisches Vorland (1871, 'svenskneset' el 'svensklandet'). Opphavet til navnet er ukjent.

The westernmost and second largest island of Kong Karls Land. A translation and adaptation of the German name Schwedisches Vorland (1871, 'Swedish point'). The origin of the name is not known.

Sverdrupisen

8020

Breområde på Nordaustlandet, østafor Botniahalvøya. Området har navn etter den norske oseanografen Harald U. Sverdrup (1888–1957). Han ledet blant annet det vitenskapelige arbeidet under Roald Amundsens ekspedisjon til Nordøstpassasjen 1918–25. Direktør for Norsk Polarinstitutt 1948–57.

Glacier on Nordaustlandet, east of Botniahalvøya. The glacier is named after the Norwegian oceanographer Harald U. Sverdrup (1888–1957). He was in charge of the scientific work during Norwegian polar explorer Roald Amundsen's North East Passage expedition 1918–25. Director of Norwegian Polar Institute 1948–57.

Syltoppen

7814

Fjell (680 m) på Spitsbergen, vestafor Nordfjorden. Navnet – et sammenligningsnavn – er knyttet til den høyeste toppen i fjellområdet Sylfjellet.

Mountain (680 m) on Spitsbergen, north of Nordfjorden. The name – comparing the place with an awl (Norw. syl) – refers to the highest peak in the mountain area Sylfjellet.

Søre Russøya

7918

Øy i innløpet til Murchisonfjorden på Nordaustlandet, éi av tre øyer i gruppen Russøyane. Navneleddet Russ- refererer til stedets russiske historie, i dag synlig gjennom et russisk-ortodokst kors på Nordre Russøya, og rester av ei hytte bygd av russiske fangstmenn.

Island ('southern Russøya') in the inlet to Murchisonfjorden on Nordaustlandet, one of three islands in the group Russøyane. The element Russ- (Russian) refers to the Russian history of the place – visible through a Russian-orthodox cross on Nordre ('northern') Russøya, and remnants of a hut built by Russian trappers.

Sørgattet

7910

Sund mellom Danskøya og Reuschhalvøya på Spitsbergen. Sisteleddet inneholder det gamle norske ordet gat 'hull, åpning'. Sundet danner en sørlig åpning inn mot Smeerenburgfjorden.

Sound between Danskøya and Reuschhalvøya on Spitsbergen. The last element in the name is Old Norse gat, meaning 'hole, opening'. The sound is the southern (cf. Norw. Sør-) approach to Smeerenburgfjorden.

Sørkapp

7616

Nes på sørsida av Sørkappøya. Sisteleddet -kapp (fra latin caput 'hode') brukes om høye nes. Relasjonsnavn til Nordkapp på Nordaustlandet.

Cape on Sørkappøya, the southernmost point of the island. The last word -kapp (from Latin caput 'head') denominates tall points. The name is related to Nordkapp on Nordaustlandet.

Sørkappbanken

7615

Grunt havområde sørvest for Sørkapp.

Bank south of the point Sørkapp.

Sørkappøya

7616

Øy sørafor Spitsbergen. Navnet er gitt etter neset Sørkapp, det sørligste punktet på øya.

Island south of Spitsbergen. The island is named after Sørkapp, the southernmost point on the island.

Sørneset

7616

Nes på sørenden av Spitsbergen. Navnet viser til et av de sørligste nesene på øya.

One of the southernmost points of Spitsbergen, in Sørkapp Land, and the name means 'the southern point'.

Sørporten

7922

Område i sørenden av Hinlopenstretet, mellom Bråsvellbreen (Nordaustlandet), Franzøya og Bastianøyane. Området utgjør den sørlige inngangen (porten) til stretet.

The southeasternmost part of Hinlopenstretet, area between Bråsvellbreen (on Nordaustlandet), Franzøya and Bastianøyane. The area represents the southern entrance (Norw. port 'gate') to Hinlopenstretet.

Tempelfjorden
7817

Fjordarm på Spitsbergen, østligste delen av Sassenfjorden. Etter fjellet Templet (770 m) på nordsida av fjorden. Fjellnavnet skyldes en sammenligning med en gotisk katedral, med fjellsider som er skåret i regelmessige mønstre av små kløfter og avsatser.

Fjord on Spitsbergen, the eastern part of Sassenfjorden. The innermost branch of Sassenfjorden, under the mountain Templet, is named after the mountain. The mountain resembles a Gothic cathedral (temple), with its side cut into regular shapes by small channels and shelves.

Tiholmane
7621

Holmegruppe sørafor Edgeøya. En gruppe av ti øyer og holmer (innenfor den større gruppen Tusenøyane).

Group of islands south of Edgeøya. A group of ten (Norw. ti) islands and islets (within the archipelago Tusenøyane (Norw. tusen ' thousand').

Tjuvfjorden
7722

Fjord i sørenden av Edgeøya. Tjuv- er muligens ei norsk tilpassing (via Deevie og andre former) av det engelske etternavnet Deicrowe (Deicrowes sound). Kanskje etter Benjamin Decrowe, som i 1610 og de påfølgende årene var en ledende person innenfor The Muscovy Company.

Fjord in the southern part of Edgeøya. Tjuv- may be a Norw. adaptation of the English surname Deicrowe (Deicrowe's sound 1625), via Deevie and other forms. Possibly after Benjamin Decrowe, who in 1610 and the following years was a prominent person in The Muscovy Company.

Tjuvfjordlaguna

7722

Stor lagune på Edgeøya, foran Deltabreen, på østsida av Tjuvfjorden. Lagunen har navn etter Tjuvfjorden (se dette)

Lagoon in front of Deltabreen on Edgeøya. The lagoon is named after Tjuvfjorden (see this).

Tolstadfjellet

7815

Fjell (891 m) på Spitsbergen, mellom Ekmanfjorden og Dicksonfjorden. Fjellet er oppkalt etter Bernhard Tolstad (1879–?), kartograf ved Norges Geografiske Oppmåling. Tolstad medvirket til utarbeiding av kart over Svalbard.

Mountain (891 m) on Spitsbergen, between Ekmanfjorden and Dicksonfjorden. The mountain is named after Bernhard Tolstad (1879–?), cartographer at the Geographical Survey of Norway. He participated in the drawing of maps of Spitsbergen.

Torell Land

7716

Område på Spitsbergen, mellom Wedel Jarlsberg Land og Van Keulenfjorden. Området er oppkalt etter den svenske geologen Otto M. Torell (1828–1900), leder for Sveriges Geologiska Undersökning 1871–97. Torell ledet ekspedisjoner til Spitsbergen i 1858 og 1861.

Area on Spitsbergen, between Wedel Jarlsberg Land and Van Keulenfjorden. The area is named after the Swedish geologist Otto M. Torell (1828–1900), chief of the Swedish Geological Survey 1871–97. Torell led expeditions to Spitsbergen in 1858 and 1861.

Torellneset

7920

Nes på Nordaustlandet, nær sørenden av Hinlopenstretet. Etter Otto M. Torell (se Torell Land).

Point on Nordaustlandet, near the southern part of Hinlopenstretet. After Otto M. Torell (see Torell Land).

Tre Kroner. © Morten Thorp

Tre kroner
7813

Tre fjelltopper på Spitsbergen, i Kronebreen østafor Kongsfjorden. Felles navn på de tre pyramidelignende fjelltoppene Svea (1226 m), Nora (1226 m) og Dana (1175) m. Svea er et eldre navn på Sverige, Nora og Dana viser til Norge og Danmark.

Three mountains on Spitsbergen, east of Kongsfjorden. Common name of the three peaks Svea (1226 m), Nora (1226 m) and Dana (1175 m). Svea is an old name of Sweden, Nora and Dana refer to Norway and Denmark.

Trollheimen

7813

Fjellområde på Spitsbergen, sørafor St. Jonsfjorden. Området er oppkalt etter fjellområdet Trollheimen i Norge.

Mountain area on Spitsbergen, south of St. Jonsfjorden. The area is named after a mountainous district in Norway, Trollheimen, meaning 'the home of trolls'.

Trollhättan

7911

Fjell (1030 m) på Spitsbergen, på Vasahalvøya. Etter den svenske byen Trollhättan (eller klippene i Götaälven som har gitt byen navn).

Mountain (1030 m) on Spitsbergen, on Vasahalvøya. After the Swedish town Trollhättan (or the Trollhättan falls in the river Götaelv).

Tunabreen

7817

Brefall på Spitsbergen, nordøst for Tempelfjorden. Breen ligger mellom Ulltunafjella og Langtunafjella, fjellområder med navn med svensk form – trolig oppkallingsnavn.

Glacier on Spitsbergen, northeast of Tempelfjorden. The glacier is located between the mountains Ulltunafjella and Langtunafjella. These names are of Swedish origin – probably borrowings.

Tusenøyane

7721

Øygruppe sørafor Edgeøya. Navnet forteller om et stort antall – tusen – mindre øyer og holmer. Eldre navn eller beskrivelser, på flere språk, viser også til et øyrike her, med lavt og oppbrutt land: (nederlandsk) laegh gebroken land (1650), (engelsk) Low broken land (1671), (tysk) Niedriges und versunkenes Land (1759).

Group of islands south of Edgeøya. The name – 'the thousand islands' – describes a vast number of small islands, islets and skerries. Older names or descriptions, in different languages, also refers to an archipelago: (Dutch) laegh gebroken land (1650), (English) Low broken land (1671), (German) Niedriges und versunkenes Land 1759).

Tømmerneset
7829

Nes, sørøstenden av Kongsøya. Drivtømmer reker i land her.

Point on the southeastern end of Kongsøya. Driftwood is being washed up on the shores here.

Urmstonfjellet
7817

Fjell (1130 m) på Spitsbergen, østafor Billefjorden. Etter Charles H. Urmston (1862–1930), styremedlem i The Scottish Spitsbergen Syndicate Ltd.

Mountain (1130 m) on Spitsbergen, east of Billefjorden. After Charles H. Urmston (1862–1930), member of The Board of Directors of The Scottish Spitsbergen Syndicate Ltd.

Ursafonna
7918

Bre på Spitsbergen, mellom Chydeniusbreen og Hinlopenbreen. Førsteleddet i navnet kan være identisk med førsteleddet i stjernebildenavnene Ursa Major (Store bjørn) og Ursa Minor (Lille bjørn).

Glacier on Spitsbergen, between Chydeniusbreen and Hinlopenbreen. The first element in the name may be identical with the first element in the names of the star constellations Ursa Major and Ursa Minor.

Vaigattbogen

Bukt på Spitsbergen, på vestsida av Hinlopenstretet. Etter Waygat, et gammelt navn knyttet til Hinlopenstretet og Vaigattøyane. Dagens form av navnet kan skyldes ei omforming av det nederlandske ordet waaigat, med innholdet 'åpningen der vinden blåser'. Det er uklart om navnet først var knyttet til Vaigattøyene eller til Hinlopenstretet. Navneleddet forekommer også på Grønland (Vaigat, sund) og i Sibir (Vaigatch, øy). Førsteleddet i navnet kan også inneholde et russisk etternavn (Vaygach, Vaigatch).

Bay on Spitsbergen, on the western side of Hinlopenstretet. Possibly after Waygat, an old name attached to Hinlopenstretet and Vaigattøyane. The current form of the name may owe to an adaptation of the Dutch word waaigat, meaning 'the opening where the wind blows'. Whether the name first referred to the islands Vaigattøyane or to Hinlopenstretet is not clear. A name Vaigat also occurs in Greenland (Vaigat sound), and in Siberia (Vaigatch island). The first element of the name may, however, also contain a Russian surname (Vaygach, Vaigatch).

Vaigattfjellet

Fjell på Spitsbergen, sørafor Vaigattbogen. Se Vaigattbogen.

Mountain on Spitsbergen, south of Vaigattbogen (see this).

Vaigattøyane

Øygruppe i Hinlopenstretet, mellom Spitsbergen og Nordaustlandet. Se Vaigattbogen.

Group of islands in Hinlopenstretet, between Spitsbergen and Nordaustlandet. See Vaigattbogen.

Valhallfonna
7917

Bre på Spitsbergen, i Ny-Friesland. Etter Valhall, gudenes bolig i følge norrøn mytologi. Valhallfonna er ett av mange navn på begge sider av Hinlopenstretet som er hentet fra mytologien. Andre navn er Balderfonna, Brageneset, Glitnefonna, Idunfjellet, Nivlheim, Ringhornet og Åsgardfonna.

Glacier on Spitsbergen, in Ny-Friesland. After Valhall, dwelling of the gods in Norse mythology. Valhallfonna is one of many names on both sides of Hinlopenstretet which are drawn from Norse mythology. Other names are Balderfonna, Brageneset, Glitnefonna, Idunfjellet, Nivlheim, Ringhornet and Åsgardfonna.

Van Keulenfjorden
7715

Fjord på Spitsbergen, del av Bellsund. Fjorden er oppkalt etter nederlenderen Gerard van Keulen (ca. 1720). Familiens trykkeri i Amsterdam utgav mellom 1680 og begynnelsen av 1800-tallet en rekke sjøkart, og deres arbeid dannet grunnlag for hydrografisk virksomhet i andre land.

Fjord on Spitsbergen, part of Bellsund. The fjord is named after the Dutchman Gerard van Keulen (about 1720). Van Keulen was the large publishing house of sea-charts in Amsterdam, in business from 1680 until the beginning of the 19th century, and forerunners of hydrographic offices in other countries.

Van Mijenfjorden
7715

Fjord på Spitsbergen, del av Bellsund. Navnet inneholder en misforstått form av van Muyden. Fjorden er oppkalt etter Willem van Muyden, leder for den nederlandske hvalfangerflåten 1612–13.

Fjord on Svalbard, part of Bellsund. The first element in the name is a corrupted form of van Muyden. The fjord is named after Willem van Muyden, chief of the Dutch whaling fleet 1612–13.

Vasahalvøya
7911

Halvøy på Spitsbergen, mellom Smeerenburgfjorden og Raudfjorden. Området har navn etter Gustaf Vasa (1496–1560), konge av Sverige 1521–60.

Peninsula on Spitsbergen, between Smeerenburgfjorden and Raudfjorden. The area is named after Gustaf Vasa (1496–1560), King of Sweden 1521–60.

Vasil'evbreen
7616

Bre på østsida av Spitsbergen, nordafor Sørkapp. Breen bærer navnet til Alexander S. Vasilev (1868–?), russisk astronom. Vasilev var medlem av den svensk-russiske gradmålings- ekspedisjonen til Spitsbergen 1899–1902.

Glacier on the eastern side of Spitsbergen, north of Sørkapp. The glacier is named after Alexander S. Vasil'ev (1868–?), Russian astronomer. Vasil'ev was a member of the Swedish-Russian Arc-of-Meridian Expedition to Spitsbergen 1899–1902.

Vegafonna
7921

Bre på Nordaustlandet, mellom Palanderbukta og Torellneset. Etter Vega, fartøyet som ble brukt under Nordenskiölds ekspedisjon til Nordøstpassasjen 1878–79. Palanderbukta like ved er oppkalt etter kapteinen på fartøyet, Adolf A.L. Palander, som etter hjemkomsten til Sverige ble adlet og fikk tittelen baron Palander av Vega.

Glacier on Nordaustlandet, between Palanderbukta and Torellneset. After Vega, vessel of the Nordenskiöld North East Passage expedition 1878–79. Near by is Palanderbukta, named after the captain of the vessel Adolf A.L. Palander, who on his return to Sweden was made Baron Palander of Vega.

Velkomstpynten
7913

Nes på Spitsbergen, på nordspissen av halvøya vestafor Woodfjorden. Opphavet til navnet er uklart. Navnet synes tidligere å ha vært knyttet til et nes nærmere Raudefjorden.

Vesle Tavleøya. © Thor Bjørn Arlov

Point on Spitsbergen, west of the mouth of Woodfjorden. The origin of the name is unclear. In earlier days, the name may have referred to a point closer to Raudefjorden.

Verlegenhuken
8016

Nes på Spitsbergen, mellom Wijdefjorden og Hinlopenstretet. En tilpasning av det nederlandske navnet Verlegen Hoeck (1662, 'feilplassert nes'). Navnet skal skyldes at stedet har vært feilplassert på kart, og ikke at det er til hinder for navigasjonen (som Qvigstad anfører, 1927:39). Hinlopenstretet mellom Spitsbergen og Nordaustlandet var lenge umarkert på kart, og karttegnerne har åpenbart hatt problem her, til tross for at området må ha vært vel kjent.

Point on Spitsbergen, between Wijdefjorden and Hinlopenstretet. An adaptation of the Dutch name Verlegen Hoeck (1662, 'mislaid point'). The point was not so much mislaid in the sense that it was a hindrance to navigation (cf. Qvigstad 1927:39), but there was a confusion about its place on the maps. Hinlopenstretet and Nordaustlandet were known long before they appeared on the maps; nevertheless, the map makers seem to have had problems with this area.

Vesle Tavleøya
8020

Øy i øygruppen Sjuøyane, nordafor Nordaustlandet. Den minste og nordligste av de to Tavleøyane i øygruppen . Navnet skyldes skiferforekomster, i form av flate skiver.

The smallest island of the two northernmost of Sjuøyane, north of Nordaustlandet. The name refers to slate.

Vestfonna
7919

Breområde på Nordaustlandet, nordafor Wahlenbergfjorden. Navnet er gitt i forhold til navnet Austfonna, som er knyttet til et stort breområde som dekker hele østsida av Nordaustlandet.

Glacier on Nordaustlandet, north of Wahlenbergfjorden. The name – 'the western glacier' – is related to the name of the extensive glacier Austfonna – 'the eastern glacier' – which covers the eastern part of Nordaustlandet.

Vestre Torellbreen
7714

Bre på vestsida av Spitsbergen, vestafor Raudfjellet i Wedel Jarlsberg Land. Breen er oppkalt etter Otto Torell (se Torell Land).

Glacier on the western side of Spitsbergen, west of Raudfjellet in Wedel Jarlsberg Land. The glacier is named after Otto Torell (see Torell Land).

Veteranen
7917

Isbre på Spitsbergen, sørvest for Lomfjorden. Navnet ble gitt av den finske fysikeren og astronomen Jakob K.E. Chydenius (1833–64) som deltok i Torells ekspedisjon til Spitsbergen i 1861. I en rapport fra denne ekspedisjonen sier han (oversatt og forkortet): «Jeg så en bre, som ikke hadde sin like blant dem jeg hadde sett før. I sin ærverdige størrelse forekom den meg å være en veteran blant isbreer, og i mitt sinn gav jeg den dette navnet.»

Glacier on Spitsbergen, southwest of Lomfjorden. The name was given by the Finnish physicist and astronomer Jakob K.E. Chydenius (1833–64), member of Torell›s Spitsbergen expedition 1861. In a report from this expedition he says the following (abbreviated): «I saw a glacier, the equal of which I had never seen before. In venerable greatness it seemed to me to be a veteran amongst glaciers, and in my thoughts I gave it this name.»

Vibebukta
7922

Bukt på Nordaustlandet, nordsida av innløpet til Hinlopenstretet. Etter Andreas Vibe (1801–60), norsk landmåler, kontorsjef ved Norges Geografiske Oppmåling 1836–60. Fjellpartiet Vibehøgdene nordvest for bukta er også oppkalt etter ham.

Bay on Nordaustlandet, north of the inlet to Hinlopenstretet. After Andreas Vibe (1801–60), Norwegian land and hydrographic surveyor, office manager at The Geographical Survey of Norway 1836–60. The mountain Vibehøgdene northwest of the bay is also named after him.

Vibehøgdene
7922

Fjellområde på Nordaustlandet, nordafor Vibebukta. Se Vibebukta.

Mountain area on Nordaustlandet, north of Vibebukta (see this).

Virgohamna. © Gunn Håberget

Virgohamna

7910

Bukt på nordsida av Danskøya. Bukta har navn etter dampskipet Virgo, som ble benyttet under Andrées nordpolekspedisjon i 1896.

Bay in the northern part of Danskøya. The bay is named after S/S Virgo, ship of Andrée's Polar expedition in 1896.

Von Otterøya

7920

Øy i Hinlopenstretet mellom Spitsbergen og Nordaustlandet. Del av Vaigattøyane. Etter Fredrik W. von Otter (1833–1910), svensk marineoffiser og politiker, medlem av en ekspedisjon til Spitsbergen i 1868, som kaptein på ekspedisjonsskipet Sofia. Et dypt havområde (200–2000 m) nord for Spitsbergen er oppkalt etter skipet, Sofiadjupet.

Island in Hinlopenstretet between Spitsbergen and Nordaustlandet. Part of Vaigattøyane. After Fredrik W. von Otter (1833–1910), Swedish naval officer and politician, member of a Spitsbergen expedition 1868, as captain of the ship Sofia. A deep (200–2000 m) north of Spitsbergen was named after the ship, Sofiadjupet.

Von Postbreen
7817

Brefall på Spitsbergen, innerst i Tempelfjorden. Navngitt etter Hampus A. von Post (1822–1911), svensk geolog, kjemiker og botaniker. Von Post publiserte flere artikler med stor betydning for forståelsen av istida.

Glacier debouching into Tempelfjorden on Spitsbergen. Named after Hampus A. von Post (1822–1911), Swedish geologist, chemist and botanist. He published several papers of fundamental value for the knowledge of the Ice Age.

Vonbreen
7913

Bre på Spitsbergen, sørvest for Woodfjorden. Norsk oversettelse av det tyske navnet Hoffnungs-Gletscher (1908).

Glacier on Spitsbergen, southwest of Woodfjorden. A Norwegian translation of the German name Hoffnungs-Gletscher (1908), 'hope glacier'.

Wahlbergøya

7919

Øy i Hinlopenstretet, mellom Spitsbergen og Nordaustlandet. Den største av Vaigattøyane. Etter Peter F. Wahlberg (1800–77), svensk botaniker, sekretær i Kungliga Vetenskapsakademien i Stockholm 1848–66.

Island in Hinlopenstretet, between Spitsbergen and Nordaustlandet. Named after Peter F. Wahlberg (1800–77), Swedish botanist and secretary of the Royal Swedish Academy of Science in Stockholm 1848–66.

Wahlenbergfjorden

7920

Fjord på Nordaustlandet, østafor Hinlopenstretet. Fjorden er oppkalt etter Göran Wahlenberg (1780–1851), svensk botaniker, geograf og geolog. Han delte Skandinavia inn i botaniske soner, og leverte de første beskrivelsene av svenske isbreer. Wahlenbergbreen og Wahlenbergfjellet er også oppkalt etter ham.

Fjord on Nordaustlandet, east of Hinlopenstretet. The fjord is named after Göran Wahlenberg (1780–1851), Swedish botanist, geographer, and geologist. He divided Scandinavia into botanical zones and was the first to describe Swedish glaciers. The glacier Wahlenbergbreen and the mountain Wahlenbergfjellet are also named after him.

Waldenøya

8019

Øy nordafor Nordaustlandet. Etter John Walden, kadett på ekspedisjonsskipet Racehorse i 1773. Han gikk i land på øya.

Island north of Nordaustlandet. After John Walden, midshipman of the expedition vessel Racehorse 1773. He visited the island.

Fredrik (Fritz) Hartvig Herman Wedel Jarlsberg (1855–1942).
© Nasjonalbiblioteket, Portrettavdelingen

Wedel Jarlsberg Land
7714

Landområde på Spitsbergen, mellom Van Keulenfjorden og Hornsund. Etter Fredrik H.H. Wedel Jarlsberg (1855–1942), norsk minister i Paris, initiativtaker til og pådriver for å få anerkjent norsk overherredømme over Svalbard. Svalbardtraktaten, som sikret det norske overherredømmet, ble signert 9. februar 1920. Den markerte slutten på Svalbards status som ingenmannsland.

Area on Spitsbergen, between Van Keulenfjorden and Hornsund. After Fredrik H.H. Wedel Jarlsberg (1855–1942), Norwegian minister in Paris, to whose initiative and labour it was greatly due that Norway succeeded in acquiring the sovereignty of Svalbard by a treaty signed in Paris on February 9, 1920. Until then it had been regarded as no-man's-land.

Wichebukta
7819

Bukt på Spitsbergen, sørafor Negribreen, på vestsida av Storfjorden. Etter Richard Wiche (?–1621), engelsk kjøpmann som støttet en engelsk hvalfangstekspedisjon til Svalbard i 1617. Wichefjellet ovafor bukta er også oppkalt etter ham.

Bay on Spitsbergen, on the western side of Storfjorden. After Richard Wiche (Wyche) (?–1621), London merchant, supported a whaling expedition to Spitsbergen in 1617. The mountain Wichefjellet above the bay is also named after him.

Wijdefjorden
7915

Fjord på nordsida av Spitsbergen, mellom Andrée Land, Dickson Land og Ny-Friesland. Navnet er en delvis oversettelse av det nederlandske navnet Wijde Bay (1660), 'breibukta'. Fjorden er også Svalbards lengste (108 km).

Fjord on the northern side of Spitsbergen, between Andrée Land, Dickson Land and Ny-Friesland. The name is a translation and adaptation of the Dutch name Wijde Bay (1660), 'the wide fjord'. The fjord is also Svalbard's longest (108 km).

Wilhelmøya
7920

Øy i sørenden av Hinlopenstretet, mellom Spitsbergen og Nordaustlandet. Etter Wilhelm I (1797–1888), konge av Preussen 1861–88 og keiser av Tyskland 1871–88. Flere navn i nærheten av Wilhelmøya refererer til tyske politikere og militære ledere som støttet tysk polarforskning.

Island in the southern part of Hinlopenstretet, between Spitsbergen and Nordaustlandet. After Wilhelm I (1797–1888), King of Prussia 1868–88, Emperor of Germany 1871–88. Several names west of Wilhelmøya refer to German politicians and military leaders, who were in favour of German Polar exploration.

Woodfjorddalen
7914

Dal på Spitsbergen, innafor sørenden av Woodfjorden. Dalen innafor Woodfjorden har navn etter fjorden (se dette).

Valley on Spitsbergen, continuing Woodfjorden. The valley is named after the fjord (see Woodfjorden).

Woodfjorden
7913

Fjord på nordkysten av Spitsbergen. Navnet – en oversettelse til engelsk av et nederlandsk navn Hout Bay (1710, 'tømmerbukta') – skyldes funn av drivtømmer langt inne i fjorden.

Fjord on the northern coast of Spitsbergen. The name – a translation into English of a Dutch name Hout Bay (1710, 'wood bay') – refers to driftwood which can be found far into the fjord.

Worsleybreen
8027

Bre på østsida av Nordaustlandet, mellom Italiaodden og Kapp Laura. Breen er oppkalt etter Frank A. Worsley (1872–1943), britisk sjøoffiser (opprinnelig fra New Zealand), leder av en ekspedisjon til Spitsbergen og Franz Josef Land (russisk øygruppe nord for Novaya Zemlya) i 1925.

Glacier on Nordaustlandet, between Italiaodden and Kapp Laura. Named after Frank A. Worsley (1872–1943), British naval officer, born in New Zealand, leader of an expedition to Spitsbergen and Franz Josef Land (Russian archipelago in the Artic Sea, north of Novaya Zemlya) in 1925.

Wrighttoppen
8023

Fjell (480 m) på Nordaustlandet, i Prins Oscars Land. Engelskmannen John Wright kartla den nordlige delen av Nordaustlandet under en overvintring 1935–36.

Mountain (480 m) on Nordaustlandet, in Prins Oscars Land. The Englishman John Wright mapped the northern part of Nordaustlandet during the winter 1935–36.

Ytterdalsgubben
7714

Klippe (901 m) på Spitsbergen, i bergveggen på østsida av Ytterdalen. Navnet viser en sammenligning med en (gammel) mann.

Mountain (901 m) on Spitsbergen, on the east side of Ytterdalen (valley). The name of the mountain shows a comparison with an old man (Norw. gubbe).

Zeiløyane
7822

Øygruppe nordafor Edgeøya, østafor Freemansundet. Øyene er oppkalt etter Carl M. Eberhard (1825–1907), prins av Waldburg-Zeil-Wurzach, som deltok på en ekspedisjon til Spitsbergen i 1870 sammen med den tyske utforskeren Theodor von Heuglin.

Group of islands north of Edgeøya, east of Freemansundet. The islands are named after Carl M. Eberhard (1825–1907), Prince of Waldburg-Zeil-Wurzach, who undertook an expedition to Spitsbergen 1870 with the German explorer Theodor von Heuglin.

Zeipelodden
7920

Nes på Nordaustlandet, mellom Wahlenbergfjorden og Palanderbukta. Etter Edvard H. von Zeipel (1873–1959), svensk astronom, medlem av den svenske delen av den svensk-russiske gradmålingsekspedisjonen til Spitsbergen 1899–1902. Flere andre steder er oppkalt etter ham: Zeipelbukta, -dalen, -elva og -fjella.

Point on Nordaustlandet, between Wahlenbergfjorden and Palanderbukta. After Edvard H. von Zeipel (1873–1959), Swedish astronomer, member of the Swedish section of the Arc-of-Meridian Expedition to Spitsbergen 1899–1902. Several other places are also named after him: Zeipelbukta (bay), -dalen (valley), -elva (river) and -fjella (mountain area).

Zieglerøya
7722

Øy i Tjuvfjorden på Edgeøya. Muligens oppkalt etter Phil. A. Ziegler (1822–87), tysk utforsker, som støttet tysk polarforskning, eller, mindre trolig, etter Jakob M. Ziegler (1801–83), sveitsisk kartograf.

Island in Tjuvfjorden, Edgeøya. Possibly named after the German explorer Phil. A. Ziegler (1822–87), who supported German Polar exploration, or, less likely, after Jakob M. Ziegler (1801–83), Swiss cartographer.

Zingerfjella
7718

Fjellområde (662 m) på Spitsbergen, nordafor Kvalvågen. Området er oppkalt etter Nicolai Y. Zinger (1842–1916), russisk general og professor i astronomi og geodesi. Zinger var rådgiver for den russiske delen av den svensk-russiske gradmålingsekspedisjonen til Spitsbergen 1899–1902.

Mountain area (up to 662 m) on Spitsbergen, north of Kvalvågen. The area is named after Nicolai Y. Zinger (1842–1916), Russian general, professor of astronomy and geodesy. Zinger was a consulting member of the Commission of the Russian division of the Swedish-Russian Arc-of-Meridian Expedition to Spitsbergen 1899–1902.

Zittelberget
7715

Fjell (1192 m) på Spitsbergen, sørafor Van Keulenfjorden. Etter den tyske paleontologen Karl A.R. von Zittel (1839–1904), som forsket på fossile planter og dyr.

Mountain (1192 m) on Spitsbergen, south of Van Keulenfjorden. After the German palaeontologist Karl A.R. von Zittel (1839–1904), who studied and described fossil plants and animals.

Zorgdragerfjorden
8022

Fjord på nordsida av Nordaustlandet, østafor Nordenskiöldbukta. Fjorden er oppkalt etter Cornelis G. Zorgdrager, en nederlandsk hvalfanger og kaptein som besøkte Svalbard flere ganger etter 1690. Han etterlot seg kart og beskrivelser av hval og hvalfangst.

Fjord on the northern side of Nordaustlandet, east of Nordenskiöldbukta. The fjord is named after Cornelis G. Zorgdrager, a Dutch whaling captain who visited Spitsbergen several times after 1690. Zorgdrager made maps and descriptions of whales and whaling.

Øyrlandsodden
7616

Odde på sørenden av Spitsbergen, vestafor Sørneset. Odden, som er et av de sørligste punktene på Spitsbergen, har navn etter halvøya Øyrlandet. Navnet viser til grus (øyr).

One of the southernmost points on Spitsbergen. The name refers to the peninsula Øyrlandet, 'the gravel plain'.

Åsgardfonna
7916

Breområde på Spitsbergen, mellom Lomfjorden og Wijdefjorden. Åsgard var gudenes bosted i norrøn mytologi. Åsgardfonna er ett av mange navn på begge sider av Hinlopenstretet som er hentet fra mytologien. Andre navn er Balderfonna, Brageneset, Glitnefonna, Idunfjellet, Nivlheim, Ringhornet og Valhallfonna.

Glaciated area on Spitsbergen, between Lomfjorden and Wijdefjorden. Åsgard is the dwelling of the gods in Norse mythology. Åsgardfonna is one of many names on both sides of Hinlopenstretet which are drawn from Norse mythology. Other names are Balderfonna, Brageneset, Glitnefonna, Idunfjellet, Nivlheim, Ringhornet and Valhallfonna.

Aavatsmarkbreen
7812

Bre på Spitsbergen, mellom St. Jonsfjorden og Engelskbukta. Etter Ivar Aavatsmark (1864–1947), norsk offiser og politiker, medlem av Stortingets militærkomité som støttet bevilgninger til arktiske ekspedisjoner.

Glacier on Spitsbergen, between St. Jonsfjorden and Engelskbukta. After Ivar Aavatsmark (1864–1947), Norwegian officer and politician, member of the Military Committee of the Storting, which supported expeditions to Arctic areas.

Litteratur
Literature

Alhaug, Gulbrand og Tuula Eskeland (2001): Kva for stadnamn bruker russarane på Svalbard? I: *Nytt om namn* 2001, 34, s 36–40.

Arlov, Thor B. (1987): Nytt lys over Svalbards oppdagelse? I: *Heimen* 1987/2, s 75–85.

Arlov, Thor B. (1994): *A short history of Svalbard*. Polarhåndbok nr. 4. Oslo, Norsk Polarinstitutt.

Arlov, Thor B. (2003): *Svalbards historie*. 2. rev. utgave. Trondheim, Tapir Akademisk Forlag.

Audne, Kr. (overs.) (1923): *Kongsspegelen*. Oslo, Det Norske Samlaget.

Christiansson, Hans og Povl Simonsen (1970): Stone Age Finds from Spitsbergen. *Acta Borealia*, B. Humaniora, nr. 11. Tromsø, Universitetsforlaget.

Conway, William Martin (1906): *No Man's Land. A History of Spitsbergen from its Discovery in 1596 to the Beginning of the Scientific Exploration of the Country*. London.

Daa, Ludvig Kristensen (1871): Om Spitzbergens Russiske navn Grumant. I: *Öfversigt af Kungl. Vetenskaps-Akademiens förhandlingar* 28, 1871, Stockholm 1872, s 899–907.

De Bas, F. (1879): Het Doopregister van Spitsbergen. I: *Tijdschrift van het Aardrijkskundig Genootschap*, Derde Deel, s 1–30. Amsterdam og Utrecht.

Hagland, Jan-Ragnar (overs.) (2002): *Landnåmabok : etter Hauksbók*. Hafrsfjord, Erling Skjalgssonselskapet.

Hisdal, Vidar (1998): *Svalbard. Natur og historie*. Polarhåndbok nr. 11. Oslo, Norsk Polarinstitutt.

Hoel, Adolf (1966): *Svalbards historie 1596–1965*. Oslo, S. Kildahls boktrykkeri.

Hultgren, Tora (2003): *Den russiske fangsten på Svalbard. En reanalyse av arkeologiske og historiske kilder*. Universitetet i Tromsø, Institutt for arkeologi.

Lunden, Siri Sverdrup (1980): Grumant or Broun? Previous Russian Names for Spitsbergen. I: *Scando-Slavica* 1980, s 139–148.

Lundquist, Kaare Z. (1983): Stedsnavn på Svalbard. I: Børde, Haakon (red.): *Svalbard og havområdene*, s 82–92. Oslo, Gyldendal.

Marmier, Xavier (1997): Brev nordfrå. Universitetsbiblioteket i Tromsøs skriftserie *Ravnetrykk*. Nr. 11.

Nansen, Fridtjof (1911): *Nord i tåkeheimen: utforskningen av jordens nordlige strøk i tidlige tider*. Oslo, Ringstrøms antikvariat (1988).

Norges Svalbard- og Ishavs-undersøkelser (1942): *The Place-names of Svalbard*. Skrifter om Svalbard og Ishavet, Nr. 80. Oslo 1942. Supplement I, Nr. 112. Oslo 1958. (Nytrykk av Norsk Polarinstitutt, Oslo, 1991).

Norwegian Polar Institute (2003): *The Place Names of Svalbard*. Rapportserie nr. 122. (Nytrykk av verk fra 1991.)

Qvigstad, Just (1927): *Spitsbergens stedsnavne før 1900*. Tromsø Museums Årshefter 49 (1926). Nr. 2.

Simonsen, Povl (1982): *Veidemenn på Nordkalotten*. Universitetet i Tromsø, Inst. for samfunnsforskning, stensilserie, hefte 4, Jernalder og middelalder. B. Historie; 21.

Storm, Gustav (utg.) (1888): *Islandske Annaler indtil 1578*. Christiania, Grøndahl & Søns Bogtrykkeri.

Varming; Henrik (1990): Svalbards historiske kartografi. I: *Forskning om mennesker på Svalbard*. Rapport fra seminar 3.–6. mai 1989. Oslo, Norges allmennvitenskapelige forskningsråd.

Westerdahl, Christer (1978): Ortnamn. I: *Spetsbergen : Land i norr*. Föreningen Natur och Samhälle i Norden. Publikation nr 9, s 158–166.

Wieder, F.C. (1919): *The Dutch Discovery and Mapping of Spitsbergen* (1596–1829). Amsterdam.

Wråkberg, Urban (1996): *Ett Babylon i Ultima Thule: Den geografiska namngivningens historia i det europeiska Arktis*. The Northern Space Working Paper no. 3. Umeå Universitet.